高压电工
上岗技能一本通

GAOYA DIANGONG
SHANGGANG JINENG YIBENTONG

（双色版）

▶▶▶ 秦钟全　主编

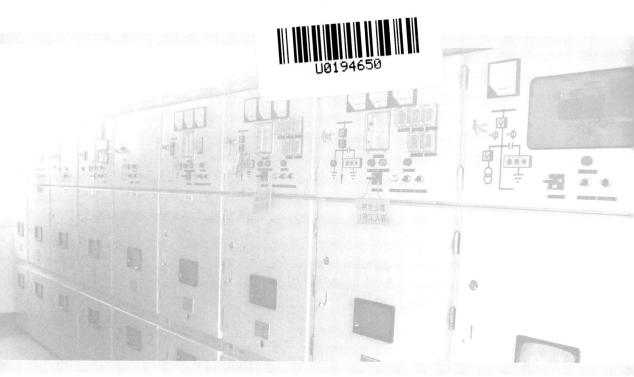

 化学工业出版社
·北京·

图书在版编目（CIP）数据

高压电工上岗技能一本通/秦钟全主编． —北京：化
学工业出版社，2011.12（2024.5重印）
ISBN 978-7-122-12500-2

Ⅰ．高…　Ⅱ．秦…　Ⅲ．高电压-电工技术　Ⅳ．TM8

中国版本图书馆CIP数据核字（2011）第205859号

责任编辑：卢小林　　　　　　　　　　文字编辑：冯国庆
责任校对：宋　玮　　　　　　　　　　装帧设计：韩　飞

出版发行：化学工业出版社（北京市东城区青年湖南街13号　邮政编码100011）
印　　刷：北京云浩印刷有限责任公司
装　　订：三河市振勇印装有限公司
787mm×1092mm　1/16　印张15　字数363千字　　2024年5月北京第1版第22次印刷

购书咨询：010-64518888　　　　　　　　售后服务：010-64518899
网　　址：http://www.cip.com.cn
凡购买本书，如有缺损质量问题，本社销售中心负责调换。

定　　价：45.00元

前 言

随着经济建设的蓬勃发展，电器应用程度的日益提高，各行各业从事电工作业的人员也在迅速增加，为了满足广大初学电工人员对高压运行管理工作的需要，我们编写了这本《图解高压电工上岗一本通》。

本书内容贴近实际工作需要，以实际工作为主线，在高压电工操作技能要求上以图文并茂和问答的形式，讲述了高压工作的注意事项和工作内容，做到有了遇到难题查看《图解高压电工上岗一本通》，书中详解能帮忙，犹如师傅在身旁。

书中的图片详细地介绍了10kV系统常用的高压电器，更加深了学员对高压设备的认识，能有效地帮助学员对高压工作安全重要性了解。《图解高压电工上岗一本通》是《图解低压电工上岗一本通》的姐妹篇，是专门针对上岗电工的入门图书。作为一本实用性很强的电工读物，全书立足于求新、求精和手把手。

求新：以图文并茂的形式一看就懂。

求精：对高压电工工作进行提炼，选出最迫切、最实用的内容奉献给学员。

手把手：力求通俗易懂，步步引导，使学员快速掌握。

本书结合高压电工考核培训教材，能有效地提高高压上岗电工的技术水平。

本书在编写及修改的过程中，得到了任永萍、赵亚君、蒋国栋、崔克俭、李新康、陈学元、秦浩、时光、吕凤祥等老师的帮助，在此表示由衷感谢，由于本人知识有限，书中不免有不足之处，敬请专业人员和读者批评指正。

编　者

目 录

Contents

第五章　继电保护电路

Contents

Contents

第六章　变电站值班工作的安全要求

第七章　高压柜与倒闸操作

Contents

第八章　10kV常用的供电系统图

第一章 高压电工入门七问

一、多高的电压是高压？

为实现电气设备生产和标准化，我国在20世纪80年代初就发布了额定电压的统一等级，共分三类。

第一类是额定电压在100V以下的电压，这类电压主要用于安全照明、蓄电池、直流操作电源，三相36V电压只作为潮湿场所和房屋的局部照明负荷之用，具体有：

① 单相交流电压12V、36V；

② 三相交流电压36V；

③ 直流电压6V、12V、24V、36V、48V。

第二类是额定电压大于100V小于1000V的电压，主要用于电力及照明设备，具体有：

① 三相交流线电压220V、380V、400V；

② 单相交流电压127V、220V；

③ 直流电压110V、220V、440V。

第三类是额定电压是1kV以上的电压，主要用于发电机、输配电线路、变压器等，具体有：

① 交流发电机电压3.15kV、6.3kV、10.5kV、15.75kV；

② 输配电线路及用电设备10kV、35kV、110kV、220kV、500kV。

高压与低压的划分通常有两种以下两种标准。

（1）采用对地电压划分　根据我国的有关规定对地电压在250V以上的为高压，在日常生活中工作的电器设备的额定电压为380V/220V，对地电压都在250V以下，称为低压电器。高压是对地电压在250V以上的电器设备，主要有变配电设施，对地电压是指带电后电气设备的接地部分（接地外壳、接地线、接地体）或带电体与大地零电位之间的电位差。如图1-1所示为对地电压的表现。

（2）采用设备额定电压划分标准　规定凡设备额定电压超过1kV以上的为高压；在1kV以下的为低压。

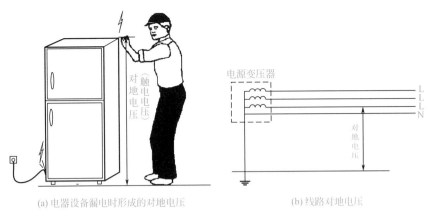

(a) 电器设备漏电时形成的对地电压   (b) 线路对地电压

图1-1　对地电压的表现

二、高压电工与低压电工的区别是什么？

高压电工与低压电工确实有很大区别，低压电工是针对人们日常使用的各种电气的安装、维护工作，工作时可以接触到电气元件，在工作时需要有良好的操作技能，如钳工知识、导线的连接工艺、电路的分析、元器件的正确选择、安装调试、仪器仪表的正确使用等。而且低压电工维护检修时所面对的往往是一个电气部件或小范围的用电设备，设备检修停电所造成的影响很小。

而高压电工主要是针对变配电的高压值班工作，负责抄表、监视设备、倒闸操作，需要的动手的技能工作较少，又由于高压电工不可能向低压电工那样可以接触到运行的电气设备，必须通过仪器仪表的指示对系统进行分析判断，这就要求高压电工必须有良好的系统分析能力，当系统出现异常时能够迅速做出正确的判断和处理办法，如变压器电流的正确判断、故障信号的处理和重要设备的维护检修安排等。

而且高压电工的工作对象看似是一个高压电器，实际是对一个用电系统的操作和监视，如果出现故障影响的是一个用电系统，而不是一个用电器，这就要求高压电工必须严格遵守操作规程和操作顺序，这就是高压电工与低压电工的区别。

三、成为高压电工需要具备哪些条件？

由于高压电工的安全操作要求很高，这就要求操作者应有良好的电工基础知识，应当先学习好低压电工知识，并从事一段时间的低压电工工作，对电器工作运行有所了解后，再学高压电工，安全生产管理规定高压电工只有在取得了低压电工操作证后，才可以考取高压电工操作证。

四、高压电工都应该掌握哪些必备的技能？

高压电工需要掌握的知识主要有变压器巡视与维护、仪用互感器作用与维护、高压电器的巡视、高压电器的操动机构、继电保护、线路和电缆的维护、变配电室的安全管理、配电室的倒闸操作等，高压电工与低压电工不同，高压电工更多的是要全面地了解高压设备的特征和运行维护要求，运行中的各种异常现象的分析处理，例如利用电流分析变压器和系统的运行状态、利用温度监视变压器是否有异常情况、利用电压表监视高压对地绝缘以及电压互感器熔丝的情况等。尤其是对工作票的理解和执行要正确无误。

五、高压电工必须要掌握安全规程吗？

是的，由于高压电工在工作时操作的系统电压很高，除必须要遵守电器安全操作距离外，还要严格遵守操作顺序、严格执行安全技术措施和制度措施，否则所产生的事故后果是很严重的。这一点可以从欧姆定律中得到一个简单的答案，电压÷电阻＝电流，电阻不变时电压越高电流就越大，电流越大，所产生的破坏力也就越大。

六、电工作业人员必须持证上岗吗？

《电工作业人员安全技术考核标准》规定，电工作业人员安全技术培训，必须根据其工作岗位的要求，按该标准相应的内容进行培训。培训时间不得少于规定的学时。由于电气化程度的不断发展，人们生活水平日益提高，电能利用已深入各个领域中，电工作业的不安全，将会给工农业生产和人们的生命财产带来很多的危害。发生这些事故的根本原因，都是因为安全教育不足，考核管理不严，电工作业人员缺乏较全面的电气安全技术知识，或者是有章不循、思想麻痹、措施不当等造成的。因此，《电工作业人员安全技术考核标准》对全国电工作业人员有一个统一的考核要求，加强科学管理，坚持考核上岗、持证作业，将会提高电工作业人员安全技术素质，极大地减少由于电工作业的不安全而引起的人身和设备事故，保证现代化经济建设的顺利进行。

七、有了"电工证"为什么还要"复审"？

持有"电工证"的电工只说明了具备从事电工工作的资格，持有"电工证"是保证安全生产行之有效的方法之一，并不能代替"安全规程"考试的作用。多年的电气事故教训证明，电气工作人员不熟悉"安全规程"，不严格执行"安全规程"所造成的事故频繁发生；凡遵守"安全规程"，很多事故都得到避免。所以严格执行"安全规程"是保证电力生产安全的重要措施。为此，凡持有"电工证"的电工，两年应进行一次"复审"考试。考试的目的如下。

① 促进电气工作人员熟悉"安全规程"，遵守"安全规程"，提高人员素质，避免事故的发生；不断提高电工技术、业务素质，做到懂"安全规程"、熟悉设备、会作业、保安全。

② 现场情况在不断地变化，上级领导下达的某些安全指令和安全措施要求也可能变化；现场设备和安全设施也可能发生变化，通过"安全规程"考试以检验上级领导的指示和安全措施的贯彻执行情况。

③ 通过考前的学习、培训，还能密切联系现场实际，以发现问题，制定相应的安全技术与组织措施，完善现场安全设施。

第二章 电力系统知识

一、电力系统的组成

电源、电力网以及用户组成的整体，称为电力系统，构成电力系统的主电气设备有发电机、变压器、架空线路、电缆线路、配电装置及用户的电气设备。在整个电力系统中，从电能的生产到应用要经过五个环节，即：发电→输电（供电）→变电→配电→用电，如图2-1所示为是电力系统的各个环节。

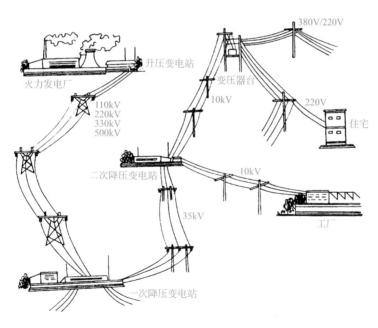

图2-1　电力系统的各个环节

二、电力网的构成

电力网是电力系统的一部分。它包括所有的变、配电所的电气设备以及各种不同电压等级的输电网和配电网组成的统一整体。它的作用是将电能转送和分配给各用电单位。

（1）输电网　由35kV以上的输电线路和与其连接的变电所组成，其作用是将电能输送到各个地区的配电网或直接送给大型企业用户。

（2）配电网　由10kV及以下的配电线路和配电变压器组成，其作用是将电能送给各类用户。一般将3kV、6kV、10kV的电压称为配电电压。

三、电力系统中发电、供电及用户之间的关系

电能生产的特点是产、供、销同时发生，同时完成，既不能中断又不能储存。电力系统是一个由发、供、用三者联合组成的一个整体。其中任何一个环节配合不好，都不能保证电力系统的安全、经济运行。电力系统中，发、供、用之间始终是保持平衡的。因此，发电厂的发电计划需要按照电力系统的负荷需要制订它的生产计划。如果电力系统中发电厂发出的有功功率不足，就使得电力系统的频率降低，不能保持额定50Hz的频率，造成供电质量低劣，影响用户的正常生产用电。如果电力系统中发出的无功功率不足，就会使得电网的电压降低，不能保持额定电压。如果电网的电压和频率继续降低，反过来又会使系统中发电厂的电力降低，严重时，还会造成整个电力系统崩溃、瓦解。此外，用户的变、配电所都是与电力系统相连接的，无论哪一个环节发生事故，不但对发生事故的单位造成严重的损失，而且还要影响更多的用户正常用电。电力系统运行的经济、合理性，除取决于正确调度本系统的运行方式外，还取决于用户用电的合理性。如果用户都能够做到无功功率大体上就地平衡，即用户本身的功率因数很高，基本上不需要电网供给无功负荷，那么，就会降低网络中的功率损耗，提高电网运行的经济性。因此，电力系统中发、供、用之间是一个密切不可分割的整体。所以，为了保证电力系统的经济运行，备用电单位也必须做好电气设备的运行管理工作。

四、电力负荷的种类

对发电、供电及用电而言，关于电力负荷有不同的概念。

发电负荷：是电厂的发电机向电网提供的电力。

供电负荷：是发电负荷扣除厂用电的厂变损耗、线路损耗后的负荷。

线损负荷：是电力网在电力输送和分配过程中的各种损耗的总和。

用电负荷：是用户实际使用的负荷。

负荷的计算就是功率的计算。关于功率的概念有三个。

（1）有功功率（P）：指的是有功负荷，又称作电力，单位为kW。

（2）无功功率（Q）：指的无功负荷，又称作无功电力，单位为kvar。

（3）视在功率（S）：是由有功负荷与无功负荷构成的，单位为kV·A。它是在不考虑电压与负荷电流相位差的情况下，直接以它们的乘积所表示的功率概念。在单相电路中$S = UI$；在三相电路中，当电压不变时$S \propto I$。因此，判断视在功率的大小可以根据电流表的指示来确定。

五、不同用电负荷的要求

 我国根据用电单位对电力需求的重要性，将负荷分为三级。

1.一级负荷

具有下列情况之一者为一级负荷：
① 中断供电将造成人身伤亡者；
② 中断供电将造成重大政治影响者；
③ 中断供电将造成重大经济损失者；
④ 中断供电将造成公共场所秩序严重混乱者。

2.二级负荷

具有下列情况之一者为二级负荷：
① 中断供电将造成较大政治影响者；
② 中断供电将造成较大经济损失者；
③ 中断供电将造成公共场所秩序混乱者。

3.三级负荷

凡不属于一级和二级负荷者。

根据GB 50052—95民用建筑中重要负荷为一级负荷的名称见表2-1。

表2-1 民用建筑中重要负荷为一级负荷的名称

建筑物名称	电力负荷名称
重要办公建筑	客梯电力、主要办公室、会议室、总值班室、档案室和主要通道照明
一二级旅馆	经营用计算机电源、人员集中的宴会厅、会议厅、餐厅、主要通道等
科研院所和高等学校	重要实验室
地市级以上气象台	气象雷达、电报及传真、卫星接收机、机房照明和主要业务计算机电源
计算机中心	主要业务用的计算机系统电源
大型博物馆、展览馆	防盗信号、珍贵展品的照明
甲等剧场	舞台照明、舞台机械电力、广播系统、转播新闻摄影照明
重要图书馆	计算机检索系统
市级以上体育馆	电子计分系统、比赛场地、主席台、广播
县级以上医院	诊室、手术室、血库等救护科室用电
银行	计算机系统电源、防盗信号电源
大型百货商店	计算机系统电源、营业厅照明
广播电台、电视台	广播机房电源、计算机电源
火车站	站台、天桥、地下通道
飞机场	航管设备设施、安检设备、候机楼、站坪照明、油库、航班预报系统
水运客运站	通信枢纽、导航设备、收发讯台
电话局、卫星地面站	设备机房电力
监狱	警卫照明

根据JGJ/T 16—92民用建筑中重要负荷为二级负荷的名称见表2-2。

表2-2　民用建筑中重要负荷为二级负荷的名称

建筑物名称	电力负荷名称
高层住宅	客梯电力、生活水泵电力、主要通道照明
一二级旅馆	普通客房照明
地市级以上气象台	客梯电力
计算机中心	客梯电源
大型博物馆、展览馆	展览照明
重要图书馆	辅助用电
县级以上医院	客梯照明
银行	营业厅、门厅照明
大型百货商店	扶梯、客梯电力
广播电台、电视台	客梯、楼道照明
水运客运站	港口作业区
电话局、卫星地面站	客梯、楼道照明
冷库	冷库内的设施

六、供电电能质量指标

供电电能是有质量指标的，主要有电压、频率、波形和三相电压的对称性及可靠性。其中前三项指标为技术性的，后一项是运行调度指标。

1.电压指标

用户受电端电压偏离额定值的幅度不应超过如下要求。

① 35kV及以上用户和对电压质量有特殊要求的用户：±5%。

② 10kV及以下用户和低压电力用户：±7%。

③ 低压照明用户：＋7%～－10%。

2.频率指标

我国规定，供电系统的频率标称值为50Hz；运行中允许偏差的绝对值应不大于下述要求。

① 电力网容量在3000MW及以上者：±0.2Hz。

② 电力网容量在3000MW以下者：±0.5Hz。

3.波形及三相电压对称性

电力网上的工频电压应是准确的正弦波形；三相电压应相等且相位上互差120°。如果电压波形不是正弦波形，则称作波形失真或叫做波形畸变。

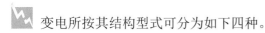

七、变电所的特点

变电所按其结构型式可分为如下四种。

（1）室外式变电所　是指变压器、断路器等主要电气设备均安装于室外，而仪表、继电保护装置、直流电源以及部分低压配电装置都装于室内或箱内的变电所。这种变电所的特点是占地面积大，但建筑面积小，土建费用低，受环境污染的影响比较严重，对于化工行业、建材行业等周围有空气污染的地区不宜采用。目前较高电压等级的变电所大多为室外变电所。

（2）室内式变电所　是指高、低压主要电气设备均装于室内，变电所采用的变压器、断路器等电器均为室内型设备。这种变电所的特点是由于采用室内型设备，占用空间较小，并且可以立体布置，占地面积小。但是，建筑费用高。一般适用于市内居民密集的地区，位于海岸、盐湖等污秽严重的工业区以及周围空气污染的地区。室内式变电所的电压一般不超过110kV。

（3）地下式变电所　变电所的电气设备基本都置于地下建筑中。它适用于建筑物密布、人口很密集的地区。地下式变电所，大多数采用六氟化硫全封闭组合电器、干式变压器以及以六氟化硫和真空为介质的断路器等，因此造价很高。

（4）移动式变电所　移动式变电所多为临时向重要用电单位或施工单位供电时采用。设备均安装于列车或汽车上，一般容量不大，设备简单，使用比较灵活。

此外，若按值班方式分类，可分为有人值班变电所与无人值班变电所。无人值班变电所，自动化水平应较高，可以通过远动装置进行遥控、遥信和遥测。

八、供电系统的分类

 供电系统可按供电电压和计量方式分为两大类：高供高量系统和高供低量系统。

1.高供高量用电系统

高供高量即高压供电、高压计量的系统，这种系统一般用于容量在500kVA以上的用户，有完整的高压配电装置和高压计量设备，按电源分有单电源系统和双电源系统，如图2-2所示是单电源的一带一高供高量系统（及一个电源带一个变压器），如图2-3所示是单电源的一带二的高供高量系统。如图2-4所示是双电源系统。

2.高供低量用电系统

高供低量即高压供电、低压计量的系统，这种系统一般用于容量在500kVA及以下的用户，有简单的高压配电装置，采用低压计量的系统，一般为中小企业供电，按用电形式的不同又分成光力合计、光力分计、光力子母表形式。

光力合计用户如图2-5所示，一般为容量315kVA以下的用户动力和照明统一计价，计量用电流互感器应接在变压器低压侧，低压主进隔离开关401-2的前端，电流比应等于或略大于变压器二次电流。

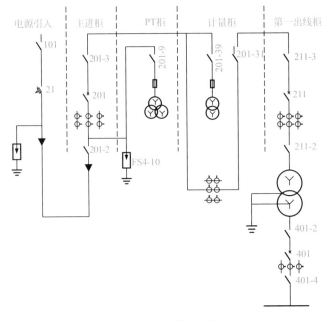

图2-2 单电源的一带一高供高量系统

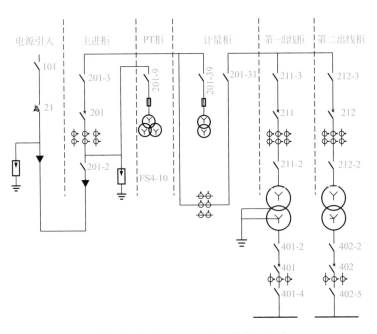

图2-3 单电源的一带二高供高量系统

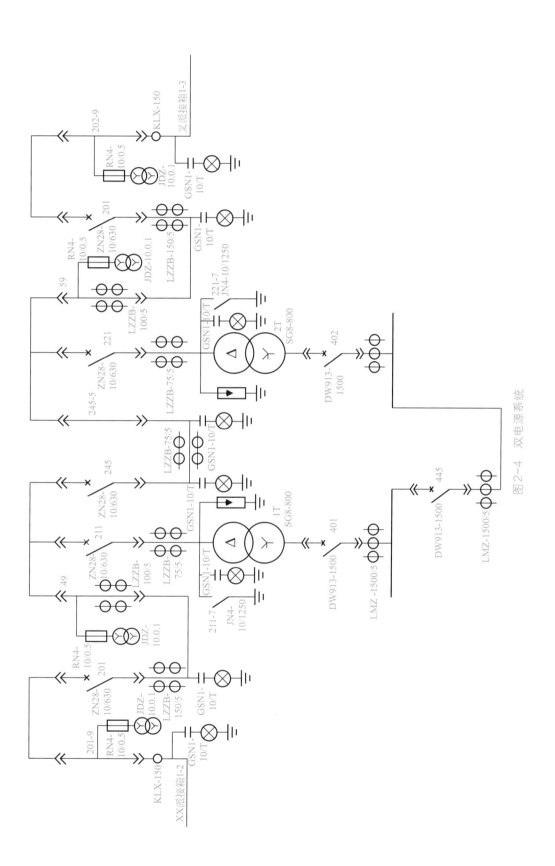

图2-4 双电源系统

光力分计用户（图2-6）是生产用电和生活用电分别计量，变压器低压侧分成两路：一路用于生产用电；另一路用于生活用电，计量用的两组电流互感器的电流比应等于变压器的二次电流，例如一台500kVA变压器二次电流约750A，两组电流互感器一组400/5，一组350/5。

光力子母表用户如图2-7所示，是在主计量主电流互感器之下电路分成两路，其中一路单独计量，这种计量方式特别适用于季节性用电明显的用户，主表电流互感器的电流比应等于变压器二次电流，分表的电流互感器电流比可以等于或小于主表的电流互感器，计费时主表的电表数减去分表数就等于生产用电量，分表读数是生活用电量。

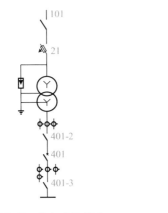

图2-5　光力合计用户

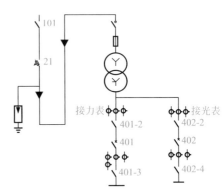

图2-6　光力分计用户

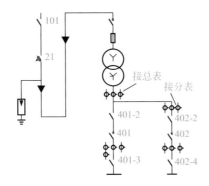

图2-7　光力子母表用户

第三章 高压安全用具的检查与使用

高压安全用具是电工的工具，但电工的工具有很多种，根据使用有着不同的要求，高压安全用具主要是用于进行高压设备操作必配使用的防护用具，与电工工具不同，电工工具在工作时要对电器进行拧、钳切、焊接等直接接触操作。

安全用具可以分为绝缘安全工具和非绝缘安全用具两种。绝缘安全用具用于防止工作人员直接触电，按其功能可分为基本安全用具和辅助安全用具，或绝缘操作用具和绝缘防护用具。

（1）基本绝缘安全用具　用具本身的绝缘足以抵御工作电压的用具（即可以接触带电体），高压设备的基本绝缘安全用具有高压绝缘杆、高压绝缘夹钳和高压验电器。

（2）辅助绝缘安全用具　用具本身的绝缘不足以抵御工作电压的用具（即不可以接触带电体），高压设备的辅助绝缘安全用具有绝缘靴、绝缘手套、绝缘垫、绝缘台等。

（3）检修安全用具　检修安全用具是指检修时应配置的保护人身安全和防止误入带电间隔以及防止误操作的安全用具。

检修安全用具除基本绝缘安全用具和辅助绝缘安全用具外，还有临时接地线、标示牌、安全带、临时遮栏等。

第一节　绝缘安全用具

一、绝缘杆的使用

高压绝缘杆是电工用于断开和闭合高压刀闸，分、合跌落熔断器或拆除临时接地线，进行正常的带电测量和试验等。

高压绝缘杆由电木、胶木、塑料、环氧树脂玻璃布棒（管）等材料制成，为了便于携带可以分成3～4段，每段的端头用金属螺纹连接，长度不小于4.5m，绝缘杆的结构如图3-1（a）所示。

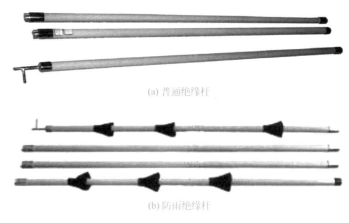

(a) 普通绝缘杆

(b) 防雨绝缘杆

图3-1　高压绝缘杆

　　使用绝缘拉杆时，应配戴绝缘手套。同时手握部分应限制在允许范围内，不得超出防护罩或防护环，绝缘拉杆的连接部分应拧紧，检查外观应清洁、无油垢、无裂纹、断裂、毛刺、划痕及明显变形等。

　　在下雨、雪或潮湿的天气，在室外使用绝缘杆应装有防雨的伞形罩，应使伞的下部保持干燥，没有伞形罩的绝缘杆一般不得在上述天气中使用。防雨绝缘杆的结构如图3-1（b）所示。

　　绝缘杆在使用中要防止碰撞，以避免损坏表面绝缘层。平时绝缘杆应保存在干燥的地方，一般应放在特制的架柜内，放置时不应与墙或地面接触，以免损伤绝缘层和变形。绝缘杆应定期进行耐压试验，每年一次。

二、绝缘夹钳的使用

　　绝缘夹钳主要是用于拆卸35kV以下电力系统中的户内高压熔断器工作。绝缘夹钳一般不用于35kV以上的高压系统，绝缘夹钳是由胶木、电木或用亚麻油浸煮过的木材制成的。它的结构如图3-2所示，由三部分组成。

　　绝缘夹钳应保存在特别的箱子内，以防受潮后降低绝缘强度，按规定每年进行一次耐压试验。

图3-2　绝缘夹钳

三、高压验电器的使用

　　验电器是检验电气设备是否确有无电压的一种安全用具，是基本绝缘的安全用具。高压验电器如图3-3所示，目前使用的高压验电器是由探头、信号部分和绝缘棒组成的。当接近或接触高压时发出声光信号，用以指示设备或线路系统是否带有电压。

　　高压验电器使用前必须进行认真检查，主要检查外观有无损伤、划痕、裂纹等，此外还应检查验电器的试验期是否超过规定期限，如果试验期有效，在进行验电之前还需检验验电器发光部分是否正常，应先在电压等级相符的带电设备上验明验电器的发光正常之后，立即在验电设备上进行验电。使用高压验电器时，应配备相适合的辅助绝缘安全用具（如绝缘手套）同时使用。

　　高压验电器使用时不得接地，以避免碰到带电的设备造成短路或触电事故。验电操作时应将工作触头逐渐移向设备或线路的带电部分与之接触，直到发声光为止。按规定高压验电器每年必须进行两次检验，保存时应存放在防潮的匣内，并放在干燥的地方。

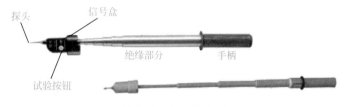

图3-3　高压验电器

　　验电操作中的安全注意事项：

　　① 检修的电气设备停电后，在悬挂接线之前，必须用验电器检查有无电压；

　　② 应在施工或检修设备的进出线的各相分别进行；

　　③ 高压验电必须戴绝缘手套；

　　④ 联络用的断路器或隔离开关检修时，应对其两侧进行验电；

　　⑤ 线路的验电应逐相进行；

　　⑥ 同杆架设的多层电力线路检修时，先验低压，后验高压，先验下层，后验上层；

　　⑦ 表示设备断开的常设信号或标志，表示允许进入间隔的信号以及接入的电压表指示无电压和其他无电压信号指示，只能做参考，不能作为设备无电的根据；

　　⑧ 验电时，验电器应逐渐地靠近并接触带电体。

　　带电体与剩余电荷的区分方法如下。

　　带电体：良好的验电器在距带电体约100mm时即可发出信号，接触到带导体后信号不减弱。

　　剩余电荷：剩余电荷只有在验电器接触到导体时才可发出信号，并且信号是逐步减弱的。

四、绝缘手套、绝缘靴的正确使用

　　绝缘靴（图3-4）是电工必备的个人安全防护用品，主要用于防止跨步电压的伤害，也辅助用作防止接触电压电击。高压绝缘每6个月应做一次耐压试验，使用之前应检查是否在试验有效期内，靴底花纹是否磨平，扎伤。绝缘靴严禁作为雨靴使用。穿用绝缘靴要防止硬质尖锐物体将底部扎伤。

　　绝缘手套可以防止触电的伤害，使用绝缘手套还可以直接在低电设备上进行带电作业，它是一种低压基本安全用具。手套应有足够的长度，一般30～40cm，至少应超过手腕10cm。如图3-5所示为绝缘手套。

　　绝缘手套和绝缘靴每6个月应做一次耐压试验，每次使用前必须认真地检查表面是否清洁、干燥，是否有磨损、划伤或有孔洞，绝缘手套使用之前应做充气试验，检查方法如图3-6所示，绝缘手套充气检查方法是将手套撑开并用力卷起，使内部空气不能外漏，在卷到一定程度时内部压力增大，手指部位即鼓起，即可查看是否有漏气现象。如有漏气则说明手套已有孔眼或破损，不能继续使用。

图3-4　绝缘靴

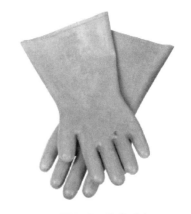

图3-5　绝缘手套

(a) 手套撑开并用力卷起

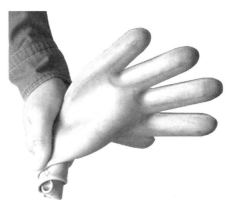

(b) 查看是否有漏气现象

图3-6　绝缘手套漏气的检查方法

第二节　检修安全用具

一、临时接地线的使用

为了预防停电检修设备发生突然来电造成触电事故，采用的主要措施就是装设临时接地线。将有可能来电方向的三相线路短接并集中接地。线路接地后首先可将停电设备上的剩余电荷泄放入大地；同时当出现突然来电时，可促使电源开关迅速跳闸。可使伤害程度得到较大的限制和减轻。临时接地线在使用时应注意以下几点：

① 临时接地线应使用多股软裸铜线，截面不小于$25mm^2$（现市场供应的临时接地线，有一种在导线外加无色透明塑料绝缘，其目的是保护软铜导线不易断线，不散股，可视为裸线）如图3-7所示；

② 临时接地线无背花，无死扣；

③ 接地线与接地棒的连接应牢固，无松动现象；

④ 接地棒绝缘部分无裂缝，完整无损；

⑤ 接地线卡子或线夹与软铜线的连接应牢固，无松动现象。

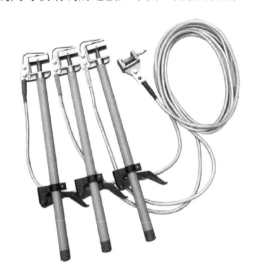

图 3-7　临时接地线

二、挂、拆临时接地线的操作要求

挂临时接地线应由值班员在有人监护的情况下，按操作票指定的地点进行操作。在临时接地线上及其存放位置上均应编号，挂临时接地线还应按指定的编号使用。

装设临时接地线的实际操作及安全注意事项如下。

① 装设时，应先将接地端可靠接地，当验电设备或线路确无电压后，立即将临时接地线的另一端（导体端）接在设备或线路的导电部分上，此时设备或线路已接地并三相短路。

② 装设临时接地线必须先接接地端，再接导体端；拆的顺序与此相反。装、拆临时接地线应使用绝缘棒或戴绝缘手套。

③ 对于可能送电至停电设备或线路的各方面或停电设备可能产生感应电压的，都要装设临时接地线。

④ 分段母线在断路器或隔离开关断开时，各段应分别验电并接地之后方可进行检修。降压变电所全部停电时，应将各个可能来电侧的部位装设临时接地线。

⑤ 在室内配电装置上，临时接地线应装在未涂相色漆的地方。

⑥ 临时接地线应挂在工作地点可以看见的地方。

⑦ 临时接地线与检修的设备或线路之间不应连接有断路器或熔断器。

⑧ 带有电容的设备或电缆线路，在装设临时接地线之前，应先放电。

⑨ 同杆架设的多层电力线路装设临时的接地线时，应先装低压，后装高压；先装下层，后装上层；先装"地"，后装"火"；拆的顺序则相反。

⑩ 装、拆临时接地线工作必须由两人进行，若变电所为单人值班时，只允许使用

接地线隔离开关接地。

⑪ 装设了临时接地线的线路，还必须在开关的操作手柄上挂"已接地"标志牌。

三、挂、拆接地线操作时使用操作票的必要性

挂接一组地线的操作项目有两项，即在××设备上验电应无电；在××设备上挂接地线。拆接地线的操作项目为一项，即拆除××设备的接地线。但都必须使用操作票。

因为此项操作是一项关系到人身安全的操作，所以要谨慎进行，其中特别是挂接地线的操作，如发生错误，就要发生带电挂接地线，造成操作电工触电或烧伤以及电气设备的损坏事故。误拆除接地线的危害也不小，当停电设备进行检修工作还未结束，工作地点两端导线没有挂地线，这时，如线路突然来电，检修人员就会触电伤亡。所以无论是挂接地线还是拆除接地线操作都必须使用操作票。

四、挂接地线时，先接接地端，后接导线端的缘由

挂接或拆除接地线的操作顺序千万不可颠倒，否则将危及操作人员的人身安全，甚至造成人身触电事故。挂接地线时，如先将接地线的短路线挂接在导体上，即先接导线端，此时若线路带电（包括感应电压），操作电工的身体上也会带电，这样将危及操作电工的人身安全；拆地线时，如先将接地线的接地端拆开，还未拆下接地线的短路线，这时，若线路突然来电（包括感应电压），操作电工的身体上会带电，人体上有电流通过，将危及操作人员的人身安全。

五、标示牌的使用规定

标示牌的主要作用是提醒和警告，悬挂标示牌可提醒有关人员及时纠正将要进行的错误操作和作法，警告人员不要误入带电间隔或接近带的电部分。标示牌按其性质分为有四类七种。

（1）禁止类　有"禁止合闸，有人工作"和"禁止合闸，线路有人工作"。

```
┌─────────────┐
│   禁止合闸    │
│   有人工作    │
└─────────────┘
```

"禁止合闸有人工作"尺寸200mm×100mm或80mm×50mm。白底红字。标示牌挂在一经合闸即可送电到时功的断路器设备和隔离开关的操作手柄处（检修设备挂此牌）。

```
┌─────────────┐
│   禁止合闸    │
│  线路有人工作  │
└─────────────┘
```

"禁止合闸线路有人工作"尺寸200mm×100mm或80mm×50mm。红底白字。标示牌挂在一经合闸即可送电到时功的断路器设备和隔离开关的操作手柄处（检修线路挂此牌）。

高压电工上岗技能一本通（双色版）

（2）警告类 有"止步，高压危险"和"禁止攀登，高压危险"。

"禁止攀登，高压危险"尺寸200mm×250mm。白底红字，中间有红色危险标志，标示牌一个悬挂在：
① 工作人员上下铁架邻近可能上下的另外的铁架上；
② 运行中变压器的梯子上；
③ 输电线路的铁塔上；
④ 室外高压变压器台支柱杆上。

"止步，高压危险"尺寸200mm×250mm。白底红字，中间有红色危险标志，标示牌一个悬挂在：
① 工作地点邻近带电设备的遮栏、横梁上；
② 室外工作地点的围栏上；
③ 室外电气设备的架构上；
④ 禁止通行的过道上；
⑤ 高压试验地点。

（3）准许类 有"在此工作！"和"由此上下！"。

"在此工作"尺寸250mm×250mm。绿底中有直径210mm的白圈，圈中黑字分为两行。标示牌应悬挂在室内和室外允许的工作地点或施工设备上。

"从此上下"尺寸250mm×250mm。绿底中有直径210mm的白圈，圈中黑字分为两行。标示牌应悬挂在：允许工作人员上下的铁架、梯子上。

（4）提醒类 有"已接地"。

"已接地"尺寸240mm×130mm。绿底黑字。标示牌应悬挂在：已接接地线的隔离开关操作手柄上。

除此以外，还有一些悬挂在特定地点的标示牌。如"禁止推入，有人工作"，"有电危险，请勿靠近"等。

六、标示牌的用法及悬挂数量的规定

禁止类标示牌悬挂在"一经合闸即可送电到施工设备或施工线路的断路器和隔离开关的操作手柄上"，禁止类标示牌数量必须与工作班组数一致。

警告类标示牌悬挂在以下场所：
① 禁止通行的过道上或门上；

②工作地点邻近带电设备的围栏上；

③在室外构架上工作时，挂在工作地点邻近带电设备的横梁上；

④已装设的临时遮栏上；

⑤进行高压试验的地点附近。

准许类标示牌悬挂在以下场所：

①室外和室内的工作地点或施工设备上；

②供工作人员上、下的铁架、梯子上。

提醒类标示牌悬挂在"已接地线的隔离开关的操作手柄上"。

标示牌悬挂数量规定如下：

①禁止标示牌的悬挂数量应与参加工作的班组数相同；

②提醒类标示牌的悬挂数量应与装设接地线的组数相同；

③警告类和准许类标示牌的悬挂数量，可视现场情况适量悬挂。

七、遮栏正确的使用方法

遮栏的作用是限制工作人员的活动范围，以防止工作人员和其他人员在工作中造成对带电设备的危险接近，造成人员发生触电事故。因此，当进行停电工作时，如对带电部分的安全距离小于下列数值时：10kV为0.7m，应在工作地点和带电部分之间装设临时性遮栏。实际上，检修工作范围大于0.7m以上时，一般现场也设置临时遮栏，这时所设的遮栏的作用是防止检修人员随便走动，以致走错位置，或外人进入，接近带电设备，避免触电事故的发生。常用的临时遮栏如图3-8所示。

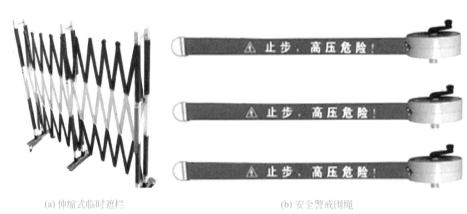

(a) 伸缩式临时遮栏 　　　　　　　　　　(b) 安全警戒围绳

图3-8　常用的临时遮栏

室内与室外停电检修设备使用临时遮栏的差别有如下规定。

（1）室内　用临时遮栏将带电运行设备围起来，在遮栏上挂标示牌，牌面向外。配电屏后面的设备进行检修时，应将检修的配电屏后面的网状遮栏门或铁板门打开，其余带电运行的盘应关好，加锁。

配电屏后面应有铁板门或网状遮栏门，无门时，应在左右两侧安装临时遮栏。

（2）室外　用临时遮栏将停电检修设备围起（但应留出检修通道）。在遮栏上挂标示牌，牌面向内。

八、绝缘垫和绝缘站台

绝缘垫和绝缘站台只作为辅助安全用具。绝缘垫用厚度5mm以上、表面有防滑条纹的橡胶制成，其最小尺寸不宜小于0.8m×0.8m。绝缘站台用木板或木条制成。相邻板条之间的距离不得大于2.5cm（图3-9），以免鞋跟陷入，绝缘站台不得有金属零件；台面板用支持绝缘子与地面绝缘，支持绝缘子高度不得小于10cm；台面板边缘不得伸出绝缘子之外，以免站台翻倾，人员摔倒。绝缘站台最小尺寸不宜小于0.8m×0.8m，但为了便于移动和检查，最大尺寸也不宜超过1.5m×1.0m。

图3-9 绝缘台构造

九、脚扣的使用

脚扣是一种套在鞋上爬电线杆子用的一种弧形铁制工具，如图3-10所示。它利用杠杆作用，借助人体自身重量，使另一侧紧扣在电线杆上，产生较大的摩擦力，从而使人易于攀登，可供电力系统、邮电通信和广播电视系统等行业使用。

用脚扣登高时，屁股要往后拉，尽量远离水泥杆，两手臂要伸直，用两手掌一上一下抱（托）着水泥杆，使整个身体呈弓形，两腿和水泥杆保持较大夹角，手脚上下交替往上爬。这样就不至于滑下来。初次上杆时往往会用两个手臂去抱水泥杆，臀部靠近水泥杆，身体直挺，和水泥杆呈平行状态，这样脚扣就扣不住水泥杆，很容易滑下来。

在到达作业位置以后，臀部仍然要往后拉，两腿也仍然要和水泥杆保持较大的夹角，保险带要兜住臀部稍上一点儿，不能兜在腰部，以利身体后倾，和水泥杆至少（始终）保持30°以上夹角，就不会滑下来。

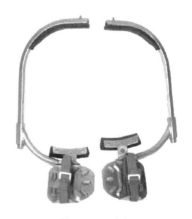

图3-10 脚扣

使用脚扣的注意事项如下。

① 经常检查是否完好，勿使其过于滑钝和锋利，脚扣带必须坚韧耐用；脚扣登板与钩处必须铆固。

② 脚扣的大小要适合电杆的粗细，切勿因不适合而把脚扣扩大、窝小，以防折断。

③ 水泥杆脚扣上的胶管和胶垫根应保持完整，破裂露出胶里线时应予以更换。

④ 搭脚扣板的勾、绳、板必须确保完好，方可使用。

脚扣试检办法如下。

① 把脚扣卡在离地面30cm左右的电线杆上，一脚悬起，一脚用最大力量猛踩。

② 在脚板中心采用悬空吊物200kg，若无任何受损变形迹象，方能使用。

十、安全带的使用

安全带是电工登高作业时必配的安全用具，如图3-11所示，规定在1.5m以上的平台使用或外悬空时使用安全带。

登杆使用的安全带应符合下列规定。

① 安全带应无腐朽、脆裂、老化、断股现象，金属部位应无锈蚀，金属钩环应坚固无损裂，带上的眼孔应无豁裂及严重磨损。

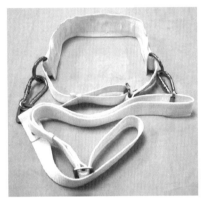

② 安全带上的钩环应有保险闭锁装置，且应转动灵活、无阻无卡，操作方便，安全可靠。

③ 安全带使用时，应扎在臀部而不应扎在腰部。

④ 登杆后，安全带应拴在紧固可靠之处，禁止系在横担、拉板、杆顶、锋利部位以及即要撤换的部位或部件上。

⑤ 安全带拴好后，首先将钩环钩好并将保险装置闭锁，才能作业。登上杆后的全部作业都不允许将安全带解开。

图3-11　安全带

十一、安全帽的正确使用

安全帽如图3-12所示，作为一种个人头部防护用品，能有效地防止和减轻工人在生产作业中遭受坠落物体和自坠落时对人体头部的伤害，它广泛地适用于建筑、冶金、矿山、化工、电力、交通等行业。实践证明，选购佩戴性能优良的安全帽，能够真正起到对人体头部的防护作用。

① 使用之前应检查安全帽的外观是否有裂纹、碰伤痕及凸凹不平、磨损，帽衬是否完整，帽衬的结构是否处于正常状态，安全帽上如存在影响其性能的明显缺陷就及时报废，以免影响防护作用。

② 使用者不能随意在安全帽上拆卸或添加附件，以免影响其原有的防护性能。

③ 使用者不能随意调节帽衬的尺寸，这会直接影响安全帽的防护性能，落物冲击一旦发生，安全帽会因佩戴不牢脱出或因冲击后触顶直接伤害佩戴者。

④ 佩戴者在使用时一定要将安全帽戴正、戴牢，不能晃动，要系紧下颚带，调节好后箍以防安全帽脱落。

⑤ 不能私自在安全帽上打孔，不要随意碰撞安全帽，不要将安全帽当板凳坐，以免影响其强度。

⑥ 经受过一次冲击或做过试验的安全帽应作废，

图3-12　安全帽

不能再次使用。

⑦ 安全帽不能在有酸、碱或化学试剂污染的环境中存放，不能放置在高温、日晒或潮湿的场所中，以免其老化变质。

⑧ 应注意在有效期内使用安全帽。

第三节　高压安全用具试验与保管

一、安全用具的试验标准

① 绝缘棒、绝缘夹钳　电压等级6～10kV，试验周期是每年1次，标准是交流耐压44kV，时间5min。电压等级35～154kV，试验周期是每年1次，标准是交流耐压4倍相电压，时间5min。

② 验电笔　电压等级6～10kV，试验周期是每6个月1次，标准是交流耐压40kV，时间5min；电压等级20～35kV，试验周期是每6个月1次，标准是交流耐压105kV，时间5min。

③ 绝缘手套　电压等级高压，试验周期是每6个月1次，标准是交流耐压9kV，时间1min，泄漏电流不大于9mA。

④橡胶绝缘靴　电压等级高压，试验周期是每6个月1次，标准是交流耐压15kV，时间1min，泄漏电流不大于7.5mA。

二、安全用具的正确保管

电工的安全用具要妥善保管，使之经常处于完好状态，平时应防止安全用具受潮、脏污和受到机械损伤。

橡胶制品的安全用具，应与一般的工具分开存放于专用的柜、箱或盒内，橡胶安全用具不得与油脂和对橡胶有侵蚀作用的其他物质接触，也不得长期受阳光直接照射，存放安全用具的箱柜不得靠近热源。

高压绝缘杆应垂直存放在或吊在架子上，不得与墙壁接触，以免受潮弯曲。

高压绝缘夹钳应存放在专用的台架上，并且不得与墙壁接触。

高压验电器应存放在专用的盒子内。

接地线应悬挂在指定的地点，并予以编号保管。

第四章 高压电器

第一节 运行中的油浸自冷式 配电变压器巡视检查

一、变压器的主要用途

变压器的最基本功能是改变交流电压。它是电力系统中必不可少的电气设备。电力是现代工业的主要能源。电能输送的能量之大、距离之远，是任何其他能源都无法相比的。在电力的远距离输送中，为了减少能量的损耗，通常都采用将电压升高，例如升到220kV、500kV，甚至向更高的定电压发展。可是，发电机由于结构上的限制，通常只能发出10kV电压。因此，必须通过变压器的升压，才能进行远距离输送。电能送到目的地后，为了使用上的安全性，又要通过变压器将电压降低，变为用户需要的380V/220V的低压。

二、变压器的种类

由于变压器的用途极广、种类繁多，分类的方法相应也很多。

① 按变压器的相数分　可分成单相变压器和三相变压器。

② 按变压器的绕组数分　有单绕组变压器（即自耦变压器）、双绕组变压器和三绕组变压器。

③ 按变压器的冷却方式分　可分成油浸自冷式（ONAN）、强迫风冷式（AF）、强迫油冷式（OFAF）和水冷式（WF）几种。

④ 按绝缘材料分　有油浸式绝缘、环氧树脂（干式）绝缘。

⑤ 按变压器的用途分　可分成电力变压器和特种变压器。特种变压器种类繁多，例如：电炉变压器、焊接变压器、整流变压器、试验变压器、隔离变压器、控制变压器、中频变压器、船用变压器、矿用变压器、电压及电流互感器等。各种变压器的用途

不同，结构也不完全一样。目前主要以变配电中的10kV油浸自冷式电力变压器和10kV干式电力变压器为主。

三、变压器的工作原理

为说明变压器的工作原理，先把变压器的基本结构作一介绍。变压器的基本结构是在一个闭合的铁芯上绕有两个互不相关的绕组，如图4-1所示。一个接到外加电压上，称为一次绕组或原端绕组，另一个称为二次绕组或次端绕组。铁芯和一、二次绕组就从原理上构成了一个完整的变压器。

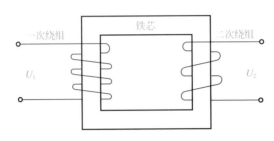

图4-1　变压器的工作原理

当一次绕组加上外加电压U_1，就会产生一个电流I_1，这个电流在铁芯中产生了一个磁通Φ_1，它既穿过一次绕组，也穿过二次绕组，根据法拉第电磁感应定律，这个磁通会在两个绕组中同时产生感应电势。

当变压器的次端接上负载时，二次绕组就会产生一个电流I_2，这个电流将会影响空载时的主磁通。变压器的主磁通基本上决定于一次电压，一次电压不变，主磁通也基本上保持恒定。为了抵消二次电流对主磁通的影响，一次电流也要相应改变。由于一、二次电流在相位上近于反相，因此，二次电流的出现将导致一次电流的增加。也就是说，一次电流除了原先的激磁电流外，还加上了一个电流，这就是负载电流，由于一次电流相应改变，最后使得变压器的主磁通仍保持空载时的大致水平。

四、油浸变压器上的部件的用途

油浸变压器主要部件与图形符号如图4-2所示。

① 高、低压绝缘套管　它是变压器箱外的主要绝缘装置，并且还是固定引线与外电路连接的主要部件。

② 分接开关　用于改变变压器高压绕组抽头的位置，保证二次电压稳定，分为有载调压和无载调压两种。

③ 气体继电器　又称瓦斯继电器，是针对变压器内部变化的保护装置，它与控制电路连通构成瓦斯保护电路。

④ 防爆管　是变压器的一种保护装置，主要作用是变压器内部发生故障时，由于内部压力剧增，防止油箱变形。

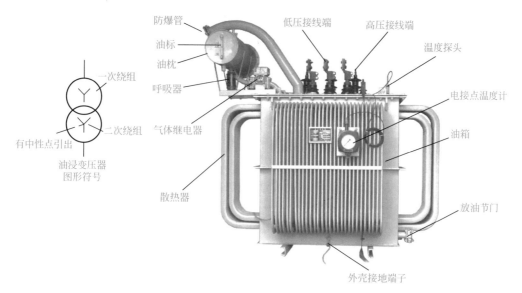

图4-2 油浸变压器主要部件与图形符号

⑤ 油枕 它是变压器运行中补油及储油的装置，可以防止绝缘油的过快老化和受潮，其侧面装有油位指示器（油标管），用来监视运行中油色以及监视油位，油枕上方装有注油孔和出气瓣。

⑥ 呼吸器 内部装有硅胶，以保持变压器内绝缘油干燥并具有良好的绝缘性能，硅胶在干燥情况下呈浅蓝色，当吸潮达到饱和状态时，逐渐变为淡红色，这时，应将硅胶取出在140℃高温下烘焙8h，即可复原色仍然具有吸附潮湿的性能。

⑦ 散热器 散热器由装于变压器油箱四周的散热管或散热片组成，其作用是降低变压器的运行温度。

⑧ 温度计 是监视变压器运行温度的表针，装在变压器大盖上专门用来测量上层油温的温度计插孔内，温度计内有一对接点可接控制信号。

⑨ 放油截门 放油截门装在油箱底部，主要用来放油和取油样时使用。

五、变压器运行中应巡视检查的项目

变压器运行巡视检查是一项重要的工作，它可以发现异常现象，预防事故的发生，主要巡视检查以下内容：

① 检查变压器的负荷电流、运行电压应正常；

② 变压器的油面、油色、油温不得超过允许值，无渗漏油现象；

③ 瓷套管应清洁、无裂纹、无破损及闪络放电痕迹；

④ 接线端子无接触不良、过热现象；

⑤ 运行声音应正常；

⑥ 呼吸器的吸潮剂颜色正常，未达到饱和状态；

⑦ 通向气体继电器的截门和散热器的截门应处于打开状态；

⑧ 防爆管隔膜应完整；

⑨ 冷却装置应运行正常，散热管温度均匀，油管无堵塞现象；

⑩ 外壳接地应完好；

⑪ 变压器室门窗应完好，百叶窗、铁丝纱应完整；

⑫ 室外变压器基础应完好，基础无下沉现象，电杆牢固，木杆根无腐朽现象。

六、变压器巡视周期的规定

变压器巡视周期的规定如下：

① 变、配电所有人值班，每班巡视检查一次；

② 无人值班时，可每周巡视检查一次；

③ 对于采用强迫油循环的变压器，要求每小时巡视检查一次；

④ 室外柱上变压器，每月巡视检查一次。

七、变压器的特殊巡视

变压器的特殊巡视如下：

① 在变压器负荷变化剧烈时应进行特殊巡视；

② 天气恶劣如大风、暴雨、冰雹、雪、霜、雾等时，对室外变压器应进行特殊巡视；

③ 变压器运行异常或线路故障后，应增加特殊巡视；

④ 变压器过负荷时，也应进行特殊巡视；

⑤ 特殊巡视周期不作规定，要根据实际情况增加巡视时间。

八、变压器电流的计算方法

计算变压器电流是一名高压电工应掌握的最基本知识，计算方法有公式法和日常工作的口算法，平时使用最多的是口算法。

三相变压器电流公式 $I = \dfrac{S}{\sqrt{3}U}$，式中，U 是变压器的线电压，kV。

变压器电流经验口算公式：一次电流 $I_1 \approx S \times 0.06$；二次电流 $I_2 \approx S \times 1.5$。

例如一台 500kVA 的变压器计算一次电流和二次电流，用电流公式 $I = \dfrac{S}{\sqrt{3}U}$ 计算：

$$I_1 = \frac{500}{\sqrt{3}10} = \frac{500}{17.32} \approx 28.8 \text{（A）}$$

$$I_2 = \frac{500}{\sqrt{3} \times 0.4} = \frac{500}{0.69} = 724.6 \text{（A）}$$

用变压器电流经验口算公式计算：$I_1 = 500 \times 0.06 \approx 30$（A）；$I_2 = 500 \times 1.5 = 750$（A）。

高压电工上岗技能一本通（双色版）

九、变压器的运行负荷要求

变压器运行时根据电流的大小计算变压器负荷是巡视检查的一项重要内容，根据负荷的大小调整变压器的并列或解列运行，是一种既安全又经济的工作，变压器的负荷分为低负荷、合理负荷（经济负荷）、满负荷、超负荷四种。

低负荷是指变压器电流为额定电流的15%以下时的状态，在这种状态下变压器消耗负荷包括用电消耗和变压器铁损消耗，这时铁损所占消耗比例太大，不经济。

合理负荷是指变压器电流为额定电流的50%左右时的状态，在这种状态下变压器铁损负荷和铜损负荷所占比重都很小。

满负荷是指变压器电流为额定电流的75%以上时的状态，在这种状态下变压器铜损将随负荷的增大而快速增大。

超负荷是指变压器电流为额定电流的100%以上时的状态，这时变压器温度升高，铜损加大。

例：一台800kVA10/0.4kV变压器，按一、二次电流计算，各种负荷电流是多少？

解：

$$一次电流 I_1 = S \times 0.06 = 800 \times 0.06 = 48（A）$$

$$二次电流 I_2 = S \times 1.5 = 800 \times 1.5 = 1200（A）$$

低负荷：

$$一次电流 I_1 = 48 \times 15\% = 7.2（A）$$

$$二次电流 I_2 = 1200 \times 15\% = 180（A）$$

合理负荷：

$$一次电流 I_1 = 48 \times 50\% = 24（A）$$

$$二次电流 I_2 = 1200 \times 50\% = 600（A）$$

满负荷：

$$一次电流 I_1 = 48 \times 75\% = 12（A）$$

$$二次电流 I_2 = 1200 \times 75\% = 900（A）$$

第二节　干式变压器巡视检查

一、干式变压器的结构特点

相对于油式变压器，干式变压器因没有油，也就没有火灾、爆炸、污染等问题，故电气规范、规程等均不要求干式变压器置于单独房间内。特别是新的系列，损耗和噪声降到了新的水平，更为变压器与低压屏置于同一配电室内创造了条件。

用环氧树脂浇注的变压器结构，其主要部件线卷，是用环氧树脂浇注封闭以绝缘的。环氧树脂具有良好的电气性能和力学性能，以F级树脂性能表明，其电气强度为16 ～ 20kV/mm，耐电弧性为60 ～ 110s，体积电阻率为$10^{16}\Omega \cdot cm$。干式变压器底部装有横流式冷却风机，是一种进、出风口均无导叶的设备，专用于干式变压器的冷却。通过预埋在低压绕组最热处的热敏测温电阻测取温度信号。变压器负荷增大，运行温度上升，当绕组温度升高时，系统自动启动风机冷却。如图4-3所示为干式变压器外形。

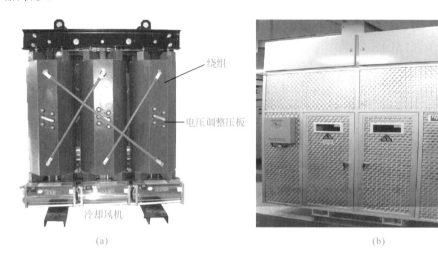

图4-3　干式变压器外形

二、干式变压器的优点

干式变压器与油浸式变压器比较，除了结构简单外还有以下优点：
① 浇注线圈的整体机械强度高，耐受短路的能力强；
② 耐受冲击过电压的性能好，基准冲击水平（bil）值高；
③ 防潮及耐腐蚀性能特别好，尤其适合极端恶劣的环境条件下工作；
④ 可制造大容量的干式变压器；
⑤ 局放小，运行寿命长；
⑥ 可以立即从备用状态下投入运行而无需预热去潮；
⑦ 损耗低，过负荷能力强。

三、干式变压器的维护检查内容

干式变压器安装完成后，应检查的内容如下：
① 检查所有紧固件、连接件是否有松动，并重新紧固；
② 检查分接挡的连接片，是否固定在要求挡位；
③ 检查风机，温控装置及其他辅助器件能否正常运行；
④ 检查外壳、铁芯装配是否永久性接地；
⑤ 变压器外表应无裂痕、无异物；
⑥ 检查变压器室内通风装置是否正常；
⑦ 检查变压器线圈有无异常和变形，接头无过热现象。

四、干式变压器的运行维护要点

干式变压器检查的部分主要有两个：一个是变压器的主体；另一个是变压器的冷却风机。

1.干式变压器主体的检查要点

通常情况下，干式变压器无需维护。但在多尘或有害物场所，检查时应特别注意绝缘子、绕组的底部和端部有无积尘。可用不超过2atm（1atm=101325Pa）的压缩空气器吹净通风道和表面的灰尘。平时运行巡视检查中禁止触摸，注视观察应注意紧固部件有无松动发热，绕组绝缘表面有无龟裂、爬电和碳化痕迹，声音是否正常。

2.风机自动控制

通过预埋在低压绕组最热处的Pt100热敏测温电阻测取温度信号。变压器负荷增大，运行温度上升，当绕组温度达厂家规定时，系统自动启动风机冷却；当绕组温度下降20℃时，系统自动停止风机。如无厂家规定，绕组温度达到90℃时自动启动冷却风机。

3.室内安装的干式变压器

装有防护外罩，外罩上有观察窗便于运行时查看，运行中的变压器不允许打开防护外罩的检修门，如误开门继电保护电路将跳闸。

五、干式变压器的过载运行

干式变压器在应急情况下允许的最大短时过载时间应遵守制造厂的规定，如干式变压器无厂家规定数据，可按表4-1规定的数值执行。

表4-1 干式变压器过载能力

过载/%	20	30	40	50	60
允许运行时间/min	60	45	32	18	5

六、干式变压器温度控制器的用途

温度控制器是干式变压器一个重要的配件，它可以完成以下多项监视任务。

① 对三相绕组温度的巡回显示或最高温度相绕组的跟踪显示（可随意切换），巡回显示时间每相显示约6s。如图4-4所示为干式变压器温度控制器。

显示方式又分为"巡回显示"和"最大

图4-4 干式变压器温度控制器

值显示"两种方式。

巡回显示方式时，循环显示A、B、C三相温度。

最大值显示方式时，显示A、B、C三相中的最大温度值。

② 冷却风机的自动控制：在自动工作状态，当三相线包绕组中有一相温度达到设定的风机启动温度值时风机自动启动，风机启动时风机指示灯亮。当三相线包绕组中每相温度均小于设定的风机关闭温度值时风机自动关闭。

③ 还可手动启控风机。

④ 超温报警和高温跳闸信号的显示、输出。

⑤ 控制参数现场设置：可设置风机启控点和超温报警动作点、高温跳闸动作点。

⑥ 传感器异常故障时（短路、断路）相应故障指示灯亮，输出故障报警信号，同时风机启动。

⑦ 风机控制回路失电或断线时，断线报警指示灯亮，输出故障报警信号。

⑧ 黑匣子功能，可保存停电前的全部监测参数以备查询。

⑨ 通信功能，实现变压器温度的远方监控。如图4-5所示为温度控制器电路框图。

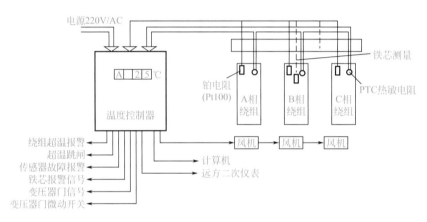

图4-5　温度控制器电路框图

七、干式变压器冷却风机的安装与维护

干式变压器冷却风机采用一种横流式冷却风机，如图4-6所示，安装在变压器绕组的下端两侧，用于绕组的降温，由单相或三相小功率异步电动机、横流式叶轮、机壳、导风装置组成，一台变压器按其容量可配装4～6台风机。

冷却风机维护：

① 检查风机外观完好，电机的绝缘电阻不应低于1MΩ，转动无异常噪声；

② 风机的出风口应对向变压器绕组需冷却的部位；

③ 接入风机电源应与风机的额定电压、相数相符合。

图4-6　干式变压器冷却风机

第三节 变压器的安全运行要求

一、油浸变压器运行时温度的规定

油浸变压器运行的最高温度为85℃，这个温度是高温报警温度，在此温度下变压器可以继续运行但要加强监视，当变压器温度继续升高到达最高临界温度（极限温度）95℃时，变压器必须下减用电负荷，以防止发生事故。

二、运行中变压器温升过高的原因及处理方法

当变压器环境温度不变，负荷电流不变而温度不断上升时，说明变压器运行不正常，通常造成变压器温度过高的主要原因及处理方法如下。

（1）由于变压器绕组的匝间或层间短路，会造成温度过高，一般可以通过在运行中监听变压器的声音进行粗略的判断。也可取变压器油样进行化验，如果发现油的绝缘和质量变坏，或者瓦斯保护动作，可以判断为变压器内部有短路故障。

经查证属于变压器内部故障，应对变压器进行大修。

（2）变压器分接开关接触不良时，使得接触电阻过大，甚至造成局部放电或过热，导致变压器温度过高。可通过轻瓦斯是否频繁动作及信号指示来判断；还可以通过变压器取油样进行化验分析；也可用直流电桥测量变压器高压绕组的直流电阻来判断故障。

分接开关接触不良的处理方法是：将变压器吊芯，检修变压器的分接开关。

（3）变压器铁芯硅钢片间绝缘损坏，导致变压器温度过高。通过瓦斯是否频繁动作、变压器绝缘油的闪点是否下降等现象加以判断。

处理方法：对变压器进行吊芯检查。若铁芯的穿心螺栓的绝缘套管的绝缘层损坏，也会造成变压器温度升高，判断与处理方法可照此进行。

三、变压器设定允许温度的原因

变压器在运行时，要产生铜损和铁损，使线圈和铁芯发热。变压器的允许温度是由变压器所使用绝缘材料的耐热强度决定的。油浸式电力变压器的绝缘属于A级，绝缘是浸渍处理过的有机材料，如纸、木材和棉纱等，其允许温度是105℃。变压器温度最高的部件是线圈，其次是铁芯，变压器油温最低。线圈匝间的绝缘是电缆纸，而能测量的是线圈传导出来的平均温度，故运行时线圈的温度应≤95℃。

电力变压器的运行温度直接影响到变压器的输出容量和使用寿命。温度长时间超过允许值，则变压器绝缘容易损坏，使用寿命降低。变压器的使用年限的减少一般可按"八度规则"计算，即温度升高8℃，使用年限减少1/2。试验表明：如果变压器绕组最热点的温度一直维持在95℃，则变压器可连续运行20年。若绕组温度升高到105℃，则

使用寿命降低到7.5年，若绕组温度升高到120℃，使用寿命降低到2.3年，可见变压器使用寿命年限主要取决于绕组的运行温度。

四、变压器的允许温升

变压器绕组温度与负载大小及环境温度有关。变压器温度与环境温度的差值叫做变压器的温升。对A级绝缘的变压器，当环境温度为40℃（环境最高温度）时，国家标准规定绕组的温升为65℃，上层油温的允许温升为45℃，只要上层油温及温升不超过规定值，就能保证变压器在规定的使用年限内安全运行。

允许温度＝允许温升＋40℃。

当环境温度＞40℃，散热困难，不允许变压器满负荷运行。当环境温度＜40℃时，尽管有利于散热，但线圈的散热能力受结构材料的限制，无法提高，也不允许超负荷运行。如当环境温度为0℃以下时，让变压器过负荷运行，而上层油温维持在90℃以下，未超过允许值95℃，但由于线圈散热能力无法提高，结果线圈温度升高，发热，超过了允许值。

例如：一台油浸自冷式变压器，当环境温度为32℃时，其上层油温为60℃，未超过95℃，上层油的温升为60℃－32℃＝28℃，小于允许温升45℃，变压器可正常运行。若环境温度为44℃，上层油温为99℃，虽然上层油的温升为99℃－44℃＝55℃，没超过温升限定值，但上层油温却超过了允许值，故不允许运行。若环境温度为－20℃时，上层油温为45℃，虽小于95℃，但上层油的温升增为45℃－（－20）℃＝65℃，已超过温升限定值，也不允许运行。

因此，只有上层油温及温升值均不超过允许值，才能保证变压器安全运行。

五、检查变压器油颜色的方法

检查变压器油的颜色是巡视工作的一项重要内容，可以通过油枕上的油标管内的油进行检查。

① 油的颜色　新油一般为浅黄色，氧化后颜色变深。运行中油的颜色迅速变暗，表明油质变坏。

② 透明度　新油在玻璃瓶中是透明的，并带有紫色的荧光，否则，说明有机械杂质和游离碳。

③ 气味　变压器油应没有气味，或带一点煤油味，如有别的气味，说明油质变坏。如有烧焦味说明油干燥时过热；酸味则说明油严重老化；乙炔味则说明油内产生过电弧。其他味可能是随容器产生的。

六、检查变压器响声的方法

变压器正常运行时，一般有均匀的嗡嗡声，这是由于交变磁通引起铁芯振颤而发出的声音。如果运行中有其他声音，则属于声音异常。

造成变压器异常声响的主要原因如下。

① 变压器长期过载运行，绕组受高温作用而被烧焦，甚至绝缘脱落造成匝间或层间短路。

② 线路发生短路保护失灵，导致变压器长时间承受大电流冲击，使绕组受到很大的电磁力而发生位移或变形，同时温度很快升高，导致绝缘损坏。

③ 变压器受潮或绝缘油含水分，或修理绕组时，绝缘漆没有浸透等，均会引起绝缘下降，甚至造成匝间短路。

④ 绕组接头和分接开关接触不良。

⑤ 变压器遭受雷击，而防雷装置不当或失败，使绕组经受强大电流冲击。

七、变压器初次送电的要求

变压器初次送电是指变压器新安装、大修后的第一次送电和停止运行在半年以上再次投入运行的变压器。

① 变压器初送电时，应按规定做全压冲击合闸试验（变压器连续合闸、分闸操作，新变压器 5 次，大修后的 3 次），合格后方可空载运行。变压器的各项保护必须完好、准确、可靠。

② 变压器空载运行 24h 后，如未发现任何异常现象，方可逐步加上负载，同时，密切注意观察变压器的运行状态。对反映运行情况的各项数据，如电压、电流、温度、声音等，应做记录。

③ 试运行期间的变压器，瓦斯保护的掉闸压板应放在试验位置上。

④ 大修后的变压器应视为新装变压器。停止运行半年以上的变压器，需测量绕组的绝缘电阻，并做油的绝缘强度试验。

八、变压器的过负荷运行

变压器最好不要过负荷运行，因为过负荷时变压器的温度会快速升高，铜损很大。

但在不影响变压器正常使用寿命的前提下，在一定时间内，有条件地允许变压器在一定范围内过负荷运行，称为正常过负荷运行。符合这个前提的情况有以下两种。

① 如果在正常情况下变压器是欠负荷运行，那么，在高峰时间里，变压器允许短时间过负荷。过负荷的程度和持续时间见表 4-2。

表 4-2　油浸式变压器允许过负荷的倍数和时间

过负荷倍数/倍	1.30	1.45	1.60	1.75	2.00
允许持续时间/min	120	80	45	20	10

② 如果变压器在夏季（指六月、七月、八月）的最高负荷低于变压器的容量，那么在冬季（指十一月、十二月、一月、二月）允许过负荷使用，其原则是：夏季的负荷每低于变压器的额定容量 1%，则冬季可过负荷 1% 运行。但最大不能超过 15%。

以上两种情况可叠加使用，但最大的过负荷值，室外变压器不得超过30%，室内变压器不得超过20%。

所谓过负荷运行，是指在特殊的情况下，必须让变压器在短时间内较多地超负荷运行。例如，并列运行的变压器，其中有一台发生故障而退出运行，而且用电负荷又不能减少，则另一台变压器即处于事故过负荷运行中。变压器允许的过负荷程度和运行时间，通常应按制造厂家的要求执行。假若没有相应资料，可按表4-2的规定处理。

如果缺乏准确资料，可以根据变压器的上层的油温，按表4-3给出的标准执行。

表4-3　油浸变压器过负荷倍数及允许的过负荷持续时间

过负荷倍数/倍	过负荷前上层油的温度（时：分）					
	18℃	24℃	30℃	36℃	42℃	48℃
1.05	5：50	5：25	4：50	4：00	3：00	1：30
1.10	3：50	3：25	2：50	2：10	1：25	0：10
1.15	2：50	2：25	1：50	1：20	0：35	
1.20	2：05	1：40	1：15	0：45		
1.25	1：35	1：15	0：50	0：25		
1.30	1：10	0：50	0：30			
1.35	0：55	0：35	0：15			
1.40	0：40	0：25				
1.45	0：25	0：10				
1.50	0：15					

表4-2和表4-3均取自北京供电局编写的《北京地区电气设备运行管理规程》中的相应规定。

九、变压器异常运行现象的处理方式

变压器的异常运行指的是变压器内部发生故障，或者是线路故障而影响变压器正常工作。一般来说，不论属于哪一种，变压器都不宜继续运行下去。如果是属于外部原因，则应在外部故障排除之后，再投入运行；如果确定不属于外部故障，则要根据故障现象对故障原因及性质做出判断，并决定检修方案。变压器常见故障大致有以下几项：

① 运行中的变压器温度过高；

② 变压器缺油；

③ 变压器缺相运行。

十、造成变压器温度过高的原因

变压器在运行中，如果负荷基本稳定，那么油的温升也是稳定的。假若变压器的负载不超过其额定容量，而温度与运行资料相同条件相比明显地偏高，即属这一类故障。发现变压器的温度明显偏高时，首先要查明油位是否正常，油路是否堵塞。在判定起散热作用的油系统正常后，即要考虑变压器内部故障的可能性。造成变压器温度过高的常见原因有以下几种。

1.变压器的分接开关接触不良

分接开关是变压器绕组中唯一的可动接点，是最有可能因接触不良而造成接触电阻增加的部位，接触电阻的增加将造成接点的发热。轻者会增加变压器的损耗，使油温增高，重者还会直接损坏分接开关。测量分接开关的接触电阻值，即可检查接触的好坏。

2.变压器绕组匝间或层间短路

当变压器出现这一类故障时，被短路部分会出现很大环流，造成导线温度过高，致使油温升高，如果短路点形成电弧，还会使油分解，产生气体，造成瓦斯继电器动作。匝间或层间短路常常表现为三相电流不平衡。

3.铁芯片间绝缘损坏

为了减少涡流损耗，变压器铁芯的硅钢片间都有良好的绝缘。同时，为紧固硅钢片用的穿钉螺栓也与硅钢片绝缘。这些绝缘一旦被破坏，便会导致涡流损耗大幅度上升，油温随之升高。油温长时间过高，会加速其老化。通过油的化验分析，可以大致做出判断。

从以上种种的原因不难看出，故障的判断有时只能是大致的，而且各种故障都不是在变压器外部能用简单的办法加以克服或补救的，最终，只有通过吊芯检查进行查找和处理。一般来说，吊芯是比较麻烦的事，影响面比较大。这就要求尽量对故障进行全面、细致的分析，准确测量有关数据，并结合对变压器油的化验，在大体确定了故障部位并准备好检修的材料及工具后才可吊芯。

十一、造成变压器缺油的原因

当变压器的油面低于相应温度下的油标线时，即认为是缺油。轻度缺油，尚能暂时维持变压器正常运行；严重缺油可能会引起严重后果。

1.变压器缺油的原因

① 变压器某个部位漏油、渗油，未能及时发现，及时处理，时间一长，即会造成变压器缺油；

② 多次取油样后，未能及时补油；

③ 新变压器的初始油量不足；

④ 有时，由于油位管堵塞，或者油位管的阀门被关闭，形成了假油面。这未引起值班人员的注意，以至于造成变压器实际缺油。发现变压器缺油后，应尽快补油。

2.变压器缺油的危害

当油枕内的油全部流入油箱，即已成为严重缺油。油枕的油流空后，首先引起轻瓦斯动作报警，此时若不及时采取措施，油面在瓦斯继电器中继续下降，会引起重瓦斯动作，此时的变压器已无法继续运行。

假如瓦斯继电器未能准确动作，或者根本没有瓦斯继电器，油面继续下降，空气将要进入油箱。这时，油箱里的油很容易受潮，造成油的绝缘强度降低。

如果油面继续下降，低于散热管的上口，散热器起不到散热的作用，油温会迅速上升，使绝缘和变压器油均老化。

如果油面低于铁芯和绕组，而变压器又不停止运行，那么，露在空气中的绝缘将会在短时间内彻底损坏。

十二、变压器缺相运行的处理方法

采用跌落保险保护的变压器，当一相熔丝熔断时，变压器即处于缺相运行状态。此时，二次电压将严重不平衡。因此，在任何情况下，变压器都不允许缺相运行。

当发现变压器缺相运行时，应立即将其退出运行状态，找出熔断原因。必要时需摇测变压器的绝缘电阻，测量绕组的直流电阻。如果未发现异常，允许更换熔丝以后，让变压器空载试运行。如果一切正常，再逐渐投入负荷。

第四节 油浸自冷式变压器分接开关的切换操作

一、变压器分接开关

任何电压等级的电力系统，其实际电压都允许在一定范围内波动，此时，二次电压也会波动，这就会影响到用户的用电。为使变压器二次电压维持在额定值附近，又要适应一次电压的波动，所以变压器上装有分接开关。通过调节分接开关的接头来改变一次绕组的匝数而维持二次电压在额定值附近。变压器铭牌上标明的电压调整范围即表明了保证二次电压为额定值时，一次电压的几个标准值。变压器铭牌所标示的电压调整范围说明，当一次电压升高到10.5kV时，把分接开关调整到Ⅰ位，能保持二次电压为额定值；当一次电压降到9.5kV时，调整分接开关到Ⅲ位，同样能使二次电压维持在额定值。如图4-7所示为分接开关接线示意图，各种分接开关实物如图4-8所示。

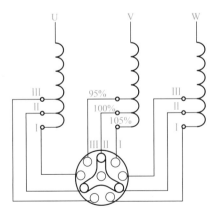

图4-7 分接开关接线示意图

图4-8 各种分接开关实物

二、变压器分接开关的切换时机

利用分接开关来调整二次电压范围是有限的，而且是分挡调节。另外调节分接开关是比较麻烦的事，不宜频繁操作。因此这种调整只适用于电压长时间的偏高或偏低时进行。这里所说的长期时间约十天到半个月，并要结合用电季节特点进行切换，电压值大于或接近用户端电压偏离额定值时应切换，切换后的电压应与额定值偏差越小越好。10kV及以下用户和低压电力用户电压允许波动±7%，低压照明用户电压允许波动为–10%～＋5%。不论分接开关调整在哪一挡，对变压器的额定容量均无影响。

三、变压器分接开关挡位的使用方法

油浸变压器切换分接开关挡位有三个；分别是Ⅰ挡105%，Ⅱ挡100%，Ⅲ挡95%，变压器分接开关的调整有一个原则是"高往高调，低往低调"，电压高时往高比例挡调，电压低时往低比例挡调。

例如：有一台变压器分切开关在Ⅱ挡，低压系统电压偏低只有365V/210V，这时可以将分切开关由Ⅱ挡100%调至Ⅲ挡95%位置，这时电压将升至383V/220.5V，接近额定电压。

四、分接开关切换操作的规定

调整变压器的分接开关应当在变压器停电的状态下进行，并且做好安全技术措施和组织措施。应按下列步骤操作：

①将运行中的变压器停电，验电，挂好临时接地线；

②拆除一次侧高压接线；

③ 松开或提起分接开关的定位销（或螺栓）；

④ 转动开关手柄至所需的挡位，并反复数次以便清除触点表面的氧化物；

⑤ 先用万用表测量一次绕组绕的直流电阻；

⑥ 再用单臂电桥测量一次绕组的直流电阻；

⑦ 锁定定位销（或螺栓）；

⑧ 恢复高压接线，拆除临时接地线；

⑨ 送电后检查三相电压值是否正常。

五、变压器切换分接开关时的注意事项

变压器切换分接开关时，不能在带负荷情况下进行，应首先将变压器从高、低压电网中退出运行，再将各侧引线和地线拆除，方可倒换分接开关，然后测量高压绕组的直流电阻，测得的直流电阻值应与前次测量值进行比较。

因为分接开关的接触部分在运行中可能烧伤；未用的分接头长期浸在油中，可能产生氧化膜等，造成切换分接头后接触不良。故测量电阻很重要，对大容量变压器，更应认真做好这项工作。一般容量的变压器可用单臂电桥测量，容量大的变压器，可用双臂电桥测量分接开关的接触电阻。测量前还应估算好被测的电阻值，选择适当的量程，并选好倍率，将电阻数值调到估算值的附近。测量时，由于绕组电感较大，需等几分钟电流稳定后才能接通检流计。然后将实际读数乘以倍率就等于实测电阻值。

测试直流电阻时，应将连接导线截面选大些，导线接触必须良好。用单臂电桥测试时，测量结果中还应减去测试线的电阻值才得到分接开关接触电阻的实际值。

测量完毕应先停检流计，再停电池开关，以防烧坏电桥。倒换测试线时，必须先将变压器绕组放电，以防人身触电。

此外应注意，测得的电阻值与油温有很大关系，所以测试时要记录上层油温，并进行换算（通常换算为20℃的数值）：

$$R_{20} = \frac{T+20}{T+t_a} R_a$$

式中　R_{20}——换算为20℃时的电阻值；

　　　t_a——测量时变压器的上层油温；

　　　R_a——温度为t_0时测得的电阻值；

　　　T——系数（铜为235，铝为228）。

测量后，三相电阻值相差不得超过2%，计算公式为：

$$\frac{R_D - R_C}{R_C} \times 100\%$$

式中　R_D——最大电阻值；

　　　R_C——最小电阻值。

测量结果还应参考历次测试数据进行校核。

六、分接开关会出现的故障及处理方法

当发现变压器油箱内有"吱吱"的放电声，电流表随着响声发生摆动，瓦斯保护可能发出信号，油的闪点急剧下降时可初步判断为分接开关故障。

分接开关故障原因一般如下。

① 分接开关触头弹簧压力不足，滚轮压力不均，使有效接触面积减少，以及镀银层机械强度不够而严重磨损，引起分接开关在运行中被烧坏。

② 分接开关接触不良，引线连接和焊接不良，经受不起短路电流冲击而造成分接开关故障。

③ 倒换分接头时，由于分接头位置切换错误，引起分接开关烧坏。

④ 由于三相引线相间距离不够，或者绝缘材料的电气绝缘强度低，在过电压的情况下绝缘击穿，造成分接开关相间短路。

值班人员根据变压器的运行情况，如电流、电压、温度、油位、油色和声音等的变化，立即取油样进行气相色谱分析，以鉴定故障性质，同时将分接开关切换到定好的位置运行。

第五节　干式变压器分接开关的切换操作

一、干式变压器分接开关与油浸式变压器的分接开关的区别

干式变压器的分接开关与油浸式变压器的分接开关不同，如图4-9（a）所示干式变压器分接开关实物，如图4-9（b）所示为干式变压器绕组接线图。干式变压器高压绕

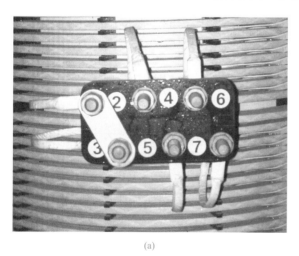

(a)

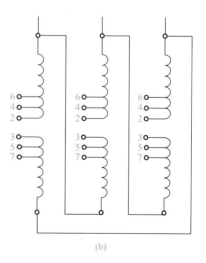

(b)

图4-9　干式变压器分接开关实物（a）和绕组接线图（b）

组多是三角形接法，干式变压器的分接开关是改变每一相绕组的匝数连板，并且干式变压器的分接开关每一挡调整为2.5%，与油浸变压器每一挡5%不同。干式变压器分接开关位置与调整电压如图4-10所示。

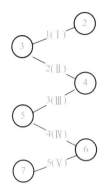

分接位置	电压/V
1（Ⅰ）	10500
2（Ⅱ）	10250
3（Ⅲ）	10000
4（Ⅳ）	9750
5（Ⅴ）	9500

图4-10　干式变压器分接开关位置与调整电压

二、干式变压器分接开关的切换操作过程与油浸式变压器的分接开关的区别

干式变压器分接开关的调整原则与油浸式变压器是一样的，不同的干式变压器需要改变三个绕组的连接压板，而不像油浸式变压器只调整一个开关。

干式变压器分接开关操作步骤：

① 将运行中的变压器停电；

② 在高低压测验应无电压；

③ 对变压器高压侧彻底放电；

④ 在高低压侧挂好临时接地线；

⑤ 拆下分接连板的螺丝取下连接压板，改接到新的位置，重新用螺丝压紧即可；

⑥ 三相绕组的连接压板位置必须一致，否则将造成三相电压不平衡；

⑦ 拆装压板螺丝时用力要均匀，以防高压绕组抽头松动。

工作完毕后认真检查工作场地，不得有工具材料的遗漏，拆除临时安全措施，恢复送电后应检查低压电压是否正常。

第六节　油浸式变压器取油样

一、油浸式变压器取油样的目的

为了能了解变压器的各项绝缘性能指标，需要定期对油进行规定项目的试验，这就需要提取变压器内部的油样。

油浸式变压器的放油阀在变压器的底部低压侧一边，如图4-11所示，取油样时可在不停电的情况下进行，但安全距离应符合要求且采取相应的安全措施。

变压器油每年都应进行耐压试验，10kV以下的变压器每三年做一次油的简化试验。

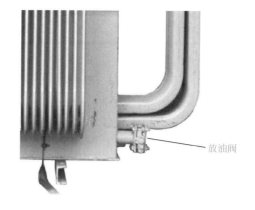

放油阀

图4-11　放油阀

二、油浸式变压器取油样

为了保证油样的准确，不应把外界灰尘和潮气带入油样。

① 取油样应在干燥无风的晴天进行。

② 盛油样的容器，必须认真清洗，并经干燥处理。

③ 根据试验内容，确定取油量，做耐压试验时，油量不小于0.5L；做简化试验时，油量不少于1L。

变压器取油样时的步骤和方法：

① 取油样前，先用棉丝和汽油将放油阀周围擦拭干净；

② 慢慢开启放油阀，放掉集中于油箱底部的带有杂质及污物的油，以免影响试验的准确，放掉的油量不少于2L，并以放出的油无沉淀杂质为准；

③ 待污物放出后，微微打开放油阀，用清洁的棉丝及放出的油仔细擦拭阀口及周围，直到确实擦净为止；

④ 用放出的变压器油把准备用来盛油的容器及瓶塞洗涤两次，然后把油倒掉；

⑤ 完成以上全部工作后，方可正式取油样。取样时必须将容器装满，然后将瓶塞盖好并密封；

⑥ 盛油样的容器应贴上标签，注明变压器所属的单位、编号、变压器的容量、电压等级、试验内容、取样日期，并由取样人签名；

⑦ 开启容器时，应使环境温度与取样时的温度一致，以避免油样受潮。

三、10kV变压器油的耐压强度

在2.5mm的间隙内，新投入的变压器必须能承受25～30kV的高电压，对于运行中的变压器，油应承受20kV的电压。

第七节　变压器的并列、解列运行

一、变压器的并列、解列运行

两台或两台以上的变压器，把它们的一次侧相同的相接到同一个电源上，二次侧的对应相又接到一起向同一个低压系统供电，这种运行方式称为并列运行。

如图4-12所示为变压器并列运行的接线方式。当开关 K_1、K_2、K_3 闭合时，两台变压器即为并列运行。两台并列运行的变压器，如果退出一台运行，留下一台变压器继续运行称为解列，图4-12中当开关 K_1 或 K_2 拉开时，两台变压器即为解列运行。

变压器采用并列或解列运行方式，可以提高变压器运行的经济性，同时也能够提高供电的可靠性。如果一台变压器发生故障，可以把它切除，由其余变压器继续向负载供电。

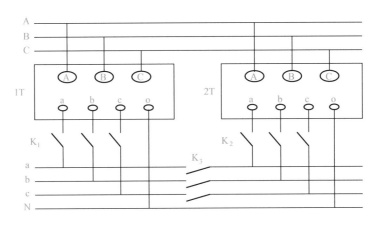

图4-12　变压器并列运行的接线方式

二、变压器的并列运行需要符合的条件

变压器并列运行虽然有其好处，但不是任意两台变压器都能够并列运行的。并列运行的变压器必须符合一定的条件，这些条件是：

① 变压器的接线组别应当相同；
② 变压器的一、二次额定变压比相等，允许的最大误差不超过 ±0.5%；
③ 变压器的短路阻抗百分比应尽量相等，允许的最大误差不超过 ±10%；
④ 变压器的容量比不超过 3∶1。

三、变压器的并列、解列运行时应注意的事项

符合并列运行条件而并列运行的变压器，在并列前和运行中，要注意下列一些

事项。

① 变压器在初次并列前，首先要确认各台变压器的分接开关要在相同的挡位上，并且要与一次电源电压实际值相适应，此外还要经过核相。核相的目的是在一次接线确定之后，找出并确认二次的对应相，把对应的相连接在一起。

② 初次并列运行的变压器，要密切注视各台变压器的电流值，观察负荷电流的分配是否与变压器的容量成正比，否则不宜并列运行。

③ 并列运行的变压器要考虑运行的经济性，但又要注意，不宜过于频繁地切除或投入变压器。

④ 变压器解列前，应检查继续运行的变压器是否可带全负荷，注意继续运行的变压器电流的变化。

四、不符合并列条件时会出现的后果

若不符合变压器的并列条件，变压器运行是很危险的。

如果两台变压器接线组标号不一致，在并列变压器的次级绕组电路中，将会出现相当大的电压差，由于变压器的内阻抗很小，因此将会产生几倍于额定电流的循环电流，这个循环电流会使变压器烧坏。所以接线组标号不同的变压器是绝对不允许并列运行的。

如果两台变压器的变比不等，则其二次电压大小也不等，在次级绕组回路中也会产生环流，这个环流不仅占据变压器容量，增加变压器的损耗，使变压器所能输出的容量减小，而且当变比相差很大时，循环电流可能破坏变压器正常工作，所以并列运行变压器的变比差值不得超过 ±0.5%。

由于并列变压器的负荷分配与变压器的短路电压反比，如果两台变压器的短路电压不等，则变压器所带负荷不能按变压器容量的比例分配，也就是短路电压小的变压器满载时，短路电压大的变压器欠载。因此规定其短路电压值相差不应超过 ±10%。一般运行规程还规定两台并列运行变压器的容量比不宜超过 3∶1，这是因为不同容量的变压器短路电压值相差较大，负荷分配极不平衡，运行很不经济。同时在运行方式改变或事故检修时，容量小的变压器将起不到备用的作用。

五、并列运行的变压器电流的计算

并列运行的变压器电流是按变压器的容量分配计算的，容量相等的电流平分，容量不相等的按容量比分配。例如两台 800kVA 的变压器，系统负荷电流约 1000A，两台变压器并列后每一台电流是 500A。

第八节 户外变压器的安装要求

一、户外变压器的接线

户外安装的配电变压器主接线如图4-13所示，由101分界刀闸、21跌开式熔断器、FS避雷器、变压器、接地装置等组成。

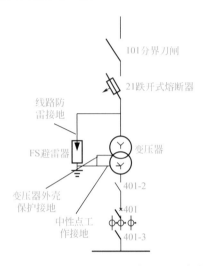

图4-13 户外安装的配电变压器主接线

二、户外变压器的安装规定

户外变压器安装的一般规定有以下几点。

① 10kV及以下变压器的外廓与周围栅栏或围墙之间的距离应考虑变压器运输与维修的方便，距离不应小于1m；在有操作的方向应留有2m以上的距离。

② 315kVA及以下的变压器可采用杆上安装方式。其底部距地面不应小于2.5m；如图4-14所示为杆上变压器安装。

③ 如图4-15所示为地上变压器安装，地上变台的高度一般为0.5m，其周围应装设不低于1.7m的栅栏，并在明显部位悬挂警告牌。

④ 杆上变台应平稳牢固，腰栏采用ϕ4.0mm的铁线缠绕4圈以上，铁线不应有接头，缠后应紧固，腰栏距带电部分不应小于0.2m。

⑤ 杆上和地上变台的二次保险安装位置应满足以下要求：

a.二次侧有隔离开关者，应装于隔离开关与低压绝缘子之间；

b.二次侧无隔离开关者，应装于低压绝缘子的外侧，并用绝缘线跨接在保险台两端的绝缘线上。

⑥ 杆上和地上变台的所有高低压引线均应使用绝缘导线。

⑦ 变压器安装在有一般除尘排风口的厂房附近时，其距离不应小于5m。

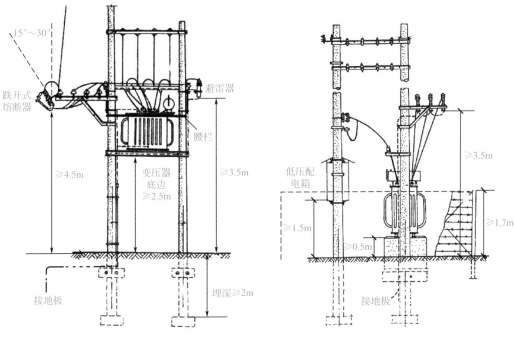

图4-14 杆上变压器安装　　　　　图4-15 地上变压器安装

三、跌开式熔断器的安装规定

跌开式熔断器不允许带负荷操作，只能拉、合315kV·A以下的空载变压器，安装是有规定的。

跌开式熔断器的安装应符合下列规定。

① 熔断器与垂线的夹角一般为15°～30°。

② 熔断器相间距离：室内0.6m；室外0.7m。

③ 熔断器对地面距离：室内3m；室外4.5m。

④ 熔断器装在被保护设备上方时，与被保护设备外轮廓的水平距离不应小于0.5m。

⑤ 熔断器各部元件应无裂纹或损伤，熔管不应有变形，掉管应灵活。

⑥ 熔丝位置应安装在消弧管中部偏上。

四、阀型避雷器的定义和安装规定

阀型避雷器主要是由火花间隙和阀型电阻盘串联组成。当电力系统出现了危险的雷电过电压时，火花间隙很快被击穿，使雷电流通过阀型电阻经下引线、接地装置而引入大地。此时，作用在被保护设备上的电压只是避雷器的残压，从而使电气设备得到保护。

① 阀型避雷器应垂直安装不得倾斜，应便于巡视检查，引线要连接牢固，避雷器

上接线端不得受力。

② 阀型避雷器的瓷套应无裂纹，密封良好，经预防性试验合格。

③ 阀型避雷器安装位置距被保护物的距离尽量靠近。避雷器与3～10kV变压器的最大电气距离：雷雨季经常运行的单路进线处不大于15m，双路进线处不大于23m，三路进线处不大于27m，若大于上述距离时应在母线上装设阀型避雷器。

④ 阀型避雷器为保证系统正常运行或雷击后发生故障而影响电力系统，其安装位置可以处于跌开式熔断器保护范围之内。

⑤ 阀型避雷器的引线截面铜线≥16mm²；钢线≥25mm²。钢管壁厚≥3.5mm；角钢、扁钢壁厚≥4mm。

⑥ 阀型避雷器接地引下线与被保护设备的金属外壳应可靠地与接地网连接。

⑦ 线路上单组阀型避雷器，其接地装置的接地电阻应不大于5Ω。

第九节　运行中的电压互感器的巡视检查

一、电压互感器的用途

高压互感器的用途如下。

① 将系统的高电压按一定比例变成低电压，以便对高压系统进行测量、监测。

② 由于互感器都是双绕组的，可以使二次侧与一次侧隔离，降低了对测量仪表和继电器的绝缘强度要求。

③ 为高压开关柜上的指示灯、仪器仪表、继电保护、操作机构提供电源。

④ JSJW型三相五柱式电压互感器具有对高压一次线路绝缘监视功能。

如图4-16所示是JDJ型油浸式单相电压互感器，如图4-17所示是JDZ型干式单相电压互感器，如图4-18所示是JSJW型油浸式三相五柱电压互感器。

图4-16　JDJ型浸油式单相电压互感器

图4-17　JDZ型单相电压互感器

图4-18　JSJW型浸油式三相五柱电压互感器

二、电压互感器常见的接线形式和用途

第一种，两个单相电压互感器 V/V 接线。

V/V 又称为不完全三角形接线，图形符号如图4-19所示，如图2-20所示是采用两台单相电压互感器接线原理图。这种接线广泛应用于中性点不接地和经消弧电抗器接地或经小电阻接地的系统，可以用来测量三个线电压，用于连接线电压表、三相电度表及电压继电器等。如图4-21所示是两台单相电压互感器的实物图。这种接线的优点是接线简单、经济，由于一次线圈没有接地点，减少了系统中的对地励磁电流，避免了产生内部（操作）过电压。为了保证安全，通常将二次线短接点（V 相）接地。这种接线只能测量线电压和相对系统中性点的相电压，因此，使用有局限性。它不能测量相对地电压，不能起绝缘监察作用和做接地保护用，一般计量柜内都采用这种接线形式。

图4-19 两台电压互感器V/V接线图形符号

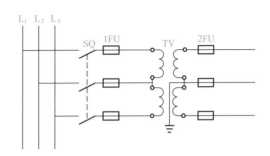

图4-20 两台电压互感器V/V接线原理图

图4-21 单相电压互感器V/V接线实物图

第二种，三台单相电压互感器 Y/Y 形接线。

三台单相电压互感器 Y/Y 形接线图形符号如图4-22所示，如图4-23所示是采用三台单相电压互感器接线原理图。这种接线方式能测量相电压和线电压，以满足仪表和继电保护装置的要求。在一次绕组中性点接地情况下，也可安装绝缘监察电压表。

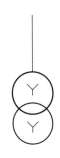

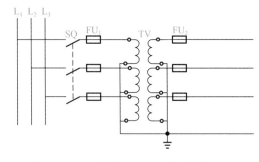

图4-22　三台单向电压互感器Y/Y形接线图形符号　　　图4-23　三台单相电压互感器接线原理图

第三种，三相五柱式电压互感器接电压表及带有绝缘监视的接线原理(图4-24)。

这种接线方式在10kV中性点不接地系统中应用广泛，它既可测量线电压、相电压并能组成绝缘监察装置和供单相保护用。有两套二次绕组，Y形接线的二次绕组称作基本二次绕组，用来接仪表、继电器及绝缘监察电压表，开口三角形（△）接线的二次绕组称为辅助二次绕组，用来连接监察绝缘用的电压继电器。如图4-25所示是三相五柱电压互感器的实物图。

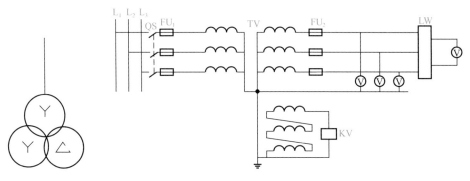

图4-24　三相五柱式电压互感器接电压表及带有绝缘监视的接线原理图

图4-25　三相五柱电压互感器的实物图

三、带有绝缘监视的电压互感器监视一次线路绝缘的原理

10kV中性点不接地系统正常运行时，三相对地电压对称，零序电压等于零，三个相电压表指示值基本相等。开口三角形接线的二次辅助绕组两端电压不大于10V。当系统任何一相发生金属性接地故障时，开口三角形接线的二次辅助绕组两端出现约为100V的零序电压；如果一次系统发生非金属性接地故障，则开口三角形接线的二次辅助绕组两端出现小于100V的零序电压，通常与其串接的电压继电器KV动作电压整定值为24～40V。这是电压继电器动作，发出告警信号。

四、一次线路发生一相接地故障时的查找方法

开口三角形串接的电压继电器KV动作，发出告警信号。这时的电压表的指示值将变成"一低两高，三不变"，即一低（接地相对地电压低，由5770V降至1000V左右）、两高（非接地两相对地电压高由相电压升至线电压）、三不变（各相间的线电压不变）。系统电压表的指示如图4-26和图4-27所示。

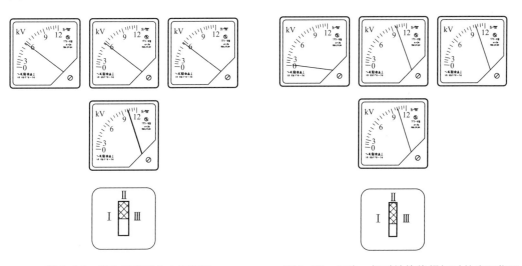

图4-26 系统正常时的电压指示　　　　图4-27 系统一相对地绝缘损坏时的电压指示

五、高压一相接地故障的查找方法

查找高压接地故障时，要防止跨步电压的产生。室内不得接近故障点4m以内，室外不得接近故障点8m以内。

① 注意跨步电压的产生，应穿绝缘靴检查故障。

② 判断故障点是在站内或站外，可利用高压主进柜电流表，接地相电流将有5～7A的增大。

③ 可利用拉断路器的方法断开故障线路，禁止用隔离开关直接断开故障点。

④ 发现接地故障应立即报告供电部门。

六、高压一相接地后系统的运行

高压一相接地后系统可以继续运行，但不超过2h，在此期间要尽快地排除故障，恢复正常运行，如不尽快排除故障，有可能使非接地相因为电压升高造成绝缘损坏，形成两相或三相断路的大事故。高压一相接地后对低压用户没有影响，可以继续用电，三个相电压和三个线电压不会改变。

七、电压互感器巡视检查的有关规定

电压互感器与其他高压电器一样，要经常地巡视检查，及早地发现设备是否有异常现象，运行中的电压互感器应保持清洁，每1～2年进行一次预防性试验。

① 有人值班，每班巡视检查一次，无人值班，每周至少巡视检查一次；
② 一、二次侧引线各部位连接点应无过热及打火现象；
③ 无冒烟及异常气味；
④ 瓷件无放电闪络现象；
⑤ 互感器内部无放电声或其他噪声；
⑥ 外壳无严重渗漏油现象；
⑦ 与互感器相关的二次仪表指示应正常。

在下列情况下还要增加特殊巡视：
① 过负荷时，应适当增加巡视检查次数；
② 遇有恶劣天气时，应进行特殊巡视检查；
③ 重大事故恢复送电后，对事故范围应进行巡视检查。

第十节　电压互感器更换高压熔丝的操作

一、电压互感器高压熔丝的特点

国产电压互感器熔丝额定电流为0.5A（合资产品为1A），1min内熔丝熔断电流为0.6～1.8A，最大开断电流为50kA，三相最大断流容量为1000MVA，电压互感器高压熔丝具有（100±7）Ω电阻的特点，更换前应用万用表$R\times1$电阻挡测量是否合格，如图4-28所示。

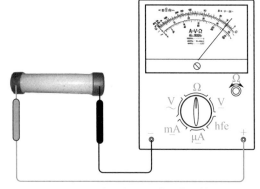

图4-28　测量电压互感器高压熔丝

二、电压互感器高压熔丝熔断后的现象

电压互感器高压侧熔丝熔断后，PT柜的电压表的指示为"一低两不变，两低一不变"。

一低两不变（即相电压表；接地相低，非接地相不变）。

两低一不变（即线电压表；与接地相有关的低，无关的不变）。

三、电压互感器的高压熔丝的替换

电压互感器高压熔丝常用的国产型号有RN$_2$、RN$_4$型。

GG1A开关柜电压互感器高压熔断器熔丝实物图如图4-29所示，环网柜电压互感器高压熔断器实物图如图4-30所示。

更换熔丝必须采用符合标准的专用熔断器（一般采用RN$_2$型或RN$_4$型），绝不能用普通熔丝代替。否则电压互感器一次侧一旦发生故障，普通熔丝不能限制短路电流和熄灭电弧，很可能发生烧毁设备和造成大面积停电的重大事故。

图4-29　GG1A开关柜电压互感器高压熔断器实物图

图4-30　环网柜电压互感器高压熔断器实物图

四、造成10kV电压互感器运行中一次侧熔丝熔断的原因

运行中的10kV电压互感器，除了因其内部线圈发生线间、层间或相间短路以及一相接地等故障使其一次侧熔丝熔断外，还可能由于以下几个原因造成熔丝熔断。

（1）二次回路故障　当电压互感器的二次回路及设备发生故障时，可能造成电压互感器的过电流，若电压互感器的二次侧熔丝选用太粗，则可能造成一次侧熔丝熔断。

（2）10kV系统一相接地　10kV系统为中性点不接地系统，当其一相接地时，其他两相的对地电压将升高$\sqrt{3}$倍。这样，对于Y$_0$/Y$_0$接线的电压互感器，其正常的两相对地电压将变成线电压，由于电压升高引起电压互感器电流的增加，可能会使熔丝熔断。

10kV系统一相间歇性电弧接地，可能产生数倍的过电压，使电压互感器铁芯饱和，电流将急剧增加，也可能使熔丝熔断。

（3）电力系统发生铁磁谐振　近年来，由于配电线路的大量增加以及用户电压互感器数量的增加，使得10kV配电系统的电气参数发生了很大变化，逐渐形成了谐振条件，加之有些电磁式电压互感器的励磁特性不良，因此，铁磁谐振经常发生。在电力系统谐振时，电压互感器上将产生过电压或过电流，电流激增。此时除了造成一次侧熔丝熔断外，还经常导致电压互感器的烧毁事故。

五、电压互感器运行中一次侧熔丝熔断后的处理

　　当发现电压互感器一次侧熔丝熔断后，首先应将电压互感器的隔离开关拉开（201-9或202-9），并取下二次侧熔丝，检查是否熔断。在排除电压互感器本身故障或二次回路的故障后，可重新更换合格熔丝，将电压互感器投入运行。如果是计量柜上的熔丝熔断，应立即通知供电部门，不要自行更换，计量柜上的电压互感器刀闸用电单位是无权操作的。

六、更换高压熔丝前应做好的工作

　　10kV及以下的电压互感器运行中发生高压熔丝（一次侧装设的熔丝）熔断故障时，认真分析仪表现象，为防止判断错误造成互感器停用，应先检查二次熔丝是否有故障，检查二次熔丝时不可使用拔下检查法，以防止二次线路误动作，应采用电压测量法检查，如图4-31所示，用万用表交流电压250V挡，测量熔断器两端，有电压的为熔断，无电压的则是良好。

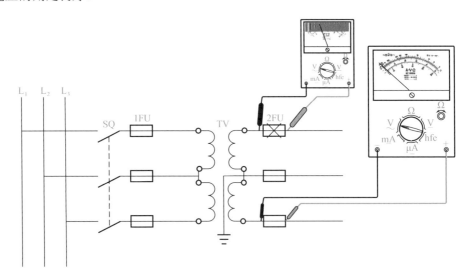

图4-31　用万用表检查PT二次熔丝

　　确定高压侧熔丝熔断后，应首先将电压互感器退出运行，即拉开电压互感器高压侧隔离开关，为防止互感器反送电（二次侧电压感应到一次侧），应取下二次侧低压熔断

器中的熔丝。

① 操作者穿绝缘靴、戴绝缘手套，用绝缘夹钳摘、装熔丝管。

② 应有专人监护，工作中注意身体各部位保持与带电部分的安全距离（不小于0.7m），不可接触开关柜的金属部分，防止发生人身触电事故。

③ 停用电压互感器应事先取得有关负责人的许可，应考虑到对继电保护、自动装置和电能计量的影响，必要时将有关保护、自动装置暂时停用，以防误动作。

七、更换高压熔丝后，再次投入前对电压互感器的检查工作

仔细查看一次侧引线及瓷套管部位有无明显故障点（如异物短路、瓷套管破裂、漏油等），注油塞处有无喷油现象以及有无异常气味等，必要时，应摇测其绝缘电阻。在确认无异常情况下，更换合格的熔丝，进行试送电。如再次熔断，说明互感器内部及一次侧引线部分有短路故障，应进一步检查并排除故障。

第十一节　运行中的高压电流互感器的巡视检查

一、高压电流互感器的用途

10kV系统常用的电流互感器图形符号与文字代号如图4-32所示，10kV系统常用的电流互感器如图4-33所示。高压电流互感器的用途有以下几点。

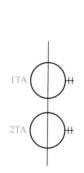

(a) LDJ-10电流互感器　　　　　(b) LDZ-10电流互感器

图4-32　10kV系统常用的电流
互感器图形符号与文字代号

图4-33　10kV系统常用电流互感器

① 将大电流按一定比例变成小电流，以便进行测量、计量和监视。

② 由于互感器都是双绕组的，可以使二次侧与一次侧隔离，降低了对测量仪表和继电器的绝缘强度要求。便于远距离地监视电器运行状态。

③ 在高压系统中由于要对线路进行测量、计量、继电保护等工作，一台电流互感器不能满足任务需要，于是一个高压电流互感器多是由两组二次绕组组成的，这样便于各种测量、计量、继电保护的需要。

二、电流互感器型号的含义

电流互感器一般由3个字母组成，电流互感器的种类较多，具体可以按照用途、结构型式、绝缘型式及一次绕组的型式来分类，通常用横列拼音字母及数字表示，一般用拼音字母表示结构型式等，用数字表示技术参数。各部位字母含义见表4-4。

表4-4　电流互感器字母含义

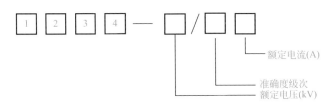

字母排列次序	代 号 含 义
1	L——电流互感器
2	A——穿墙式；Y——低压的；R——装入式；C——磁箱式；B——支持式；D——单匝式；M——母线式；J——接地保护；Q——线圈式；Z——支柱式
3	C——磁绝缘；G——改进式；X——小体积柜内；K——塑料外壳；L——电缆电容式；D——差动保护用；M——母线式；P——中频式；Q——加强式；S——速饱和的；Z——浇注绝缘；W——户外式；J——树脂浇注
4	B——保护级；Q——加强级；D——差动保护用；J——加大容量；L——铝线圈

三、电流互感器首尾端的表示方法

电流互感器的一次侧（大电流）接到被测线路中，因此用字母"L"表示，二次侧（小电流）接入控制、测量回路，因此用字母"K"表示。数字相同表示同极性。也就是说用"L_1"表示一次侧首端；用"L_2"表示一次侧尾端，用"K_1"表示二次侧首端；用"K_2"表示二次侧尾端。

四、高压电力互感器二次绕组的精度等级

高压电流互感器有两个二次绕组是为了便于线路的测量、计量、继电保护的使用

接线，电流互感器0.2、0.5、1、3、D五个精度等级。

0.2级属精密测量用。在工程中根据负载性质来确定准确度级次，电能计量时选用0.5级；电流测量时选用1级；继电保护时选用3级；差动保护时选用D级。

五、高压电流互感器巡视检查的周期及内容

电流互感器是一个重要的电流监测元件，应该定期巡视检查，以防事故发生，电流互感器的巡视检查有以下规定，当有特殊情况时还要加强巡视：

① 有人值班，每班巡视检查一次，无人值班，每周至少巡视检查一次；
② 一、二次侧引线各部位连接点应无过热及打火现象；
③ 无冒烟及异常气味；
④ 瓷件无放电闪络现象；
⑤ 互感器内部无放电声或其他噪声；
⑥ 外壳无严重渗漏油现象；
⑦ 与互感器相关的二次仪表指示应正常。

高压电流互感器需要增加特殊巡视的情况：
① 过负荷时，应适当增加巡视检查次数；
② 遇有恶劣天气时，应进行特殊巡视检查；
③ 重大事故恢复送电后，对事故范围应进行巡视检查。

六、电流互感器二次电流5A，接线还有特殊规定要求

电路互感器二次接线是有严格规定的，以防止电路互感器二次开路造成事故。

电流互感器二次回路接线不允许有开关、不允许有保险、不允许有接头，导线截面不得小于2.5mm² 独股铜导线，电流互感器二次回路的接地点应在端子K_2处。

在运行中电流互感器二次侧负载的串联等效阻抗值不得大于额定值，以保证准确度级次。二次绕组允许短接，严禁开路，以保证安全。在实际应用中，由于二次绕组回路中各测量仪表、继电器等电流线圈是相互串联的，所以连接点多。每一段导线、螺丝压接点的松动都可以引起串联等效阻抗值的增加，引起误差增大。严重时引起开路，出现故障，应特别注意。

七、电流互感器开路的现象及处理方式

在运行中的电流互感器二次绕组开路，同时一次侧负载电流较大的情况下，可能会出现下列现象：

① 因铁芯发热，有异常气味；
② 因铁芯电磁振动加大，有异常噪声；
③ 串接在二次绕组中的有关仪表（如电流表、功率表、电度表等）指示值减小或为零；

④ 如因二次回路连接端子螺丝松动，可能会有打火现象和放电声响，随着打火，有关仪表指针有可能随之摆动。

电流互感器发生二次开路的后果。

① 二次侧绕组及开路两点间产生很高的尖峰波电压（可达几千伏），威胁设备绝缘和人身安全；

② 铁芯损耗增加，发热严重，有烧坏绝缘的可能；

③ 铁芯中将产生剩磁，使电流互感器变比误差和相角误差加大，影响计量准确性。

电流互感器发生二次开路的处理方法：根据原理可知，电流互感器运行中二次绕组开路产生高油压，其重要原因是一次负载电流很大，因此应尽可能停电处理；如不能停电也要设法转移或降低一次负载电流，待渡过负载高峰后，再停电处理。如果是因二次回路中螺丝压接点上的螺丝松动而造成的开路，在尽可能降低负载电流和采取必要的安全措施（有监护人，注意操作者身体各部位距带电体的安全距离，戴绝缘手套，使用基本绝缘的安全用具等）的情况下，可以不停电修理。这项操作视为带电作业，要按带电作业的情况制定安全措施并实施。

如果是高压电流互感器二次绕组出线端口处开路，则限于安全距离，人员不能靠近，必须在停电以后才能处理。

八、电流互感器在运行时出现故障的现象

电流互感器在运行时常见有四大故障。

1.互感器过热

① 故障现象　有异常气味甚至冒烟。

② 产生故障原因　电流互感器二次开路，一次负载电流过大。

2.内部有放电声响

① 故障现象　声音异常，引出线与外壳间有火花放电痕迹或现象。

② 产生故障原因　绝缘老化，受潮引起漏电，互感器表面绝缘半导体涂料脱落。

3.主绝缘对地击穿

① 故障现象　单相接地，仪表指示不正常。

② 产生故障原因　绝缘老化，受潮，系统过电压以及制造工艺缺陷。

4.一次或二次绕组匝间或层间短路

① 故障现象　电流表等仪表指示不正常。

② 产生故障原因　绝缘老化，受潮，制造工艺缺陷，二次绕组开路产生高电压，使得二次绕组过电压，其匝间绝缘损坏。

高压电工上岗技能一本通（双色版）

第十二节　电流互感器极性判别方法

一、电流互感器极性判别

在实际接线中，电流互感器极性连接是否正确直接影响到继电保护能否正确可靠动作以及计量仪表的准确计量。因此，在互感器投入运行前（接线前）必须进行极性校验工作。

二、电流互感器极性判别的方法

测定电流互感器极性的方法根据所使用的电源分为交流法和直流法。在现场实际测定中，常采用简单的直流法。如图4-34为电流互感器极性测试方法。图中电源为 1.5～4.5V 的电池，将电流互感器的二次绕组串接直流毫安表或毫伏表（也可用万用表的直流毫安或毫伏挡位）。测定时，当开关SA接通的瞬间，如表针正向摆动，则说明一次侧接按钮的一端与二次侧接电表正极的一端为同名端，即 L_1 与 K_1 是同名端。如果表针负向摆动则是异名端。

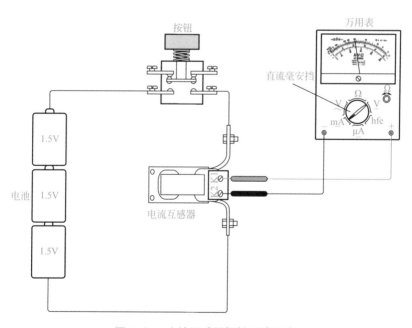

图4-34　电流互感器极性测试方法

第十三节 运行中的少油断路器的巡视检查

一、高压断路器和低压断路器型号的区别

高压断路器的型号与低压断路器不同，是由七部分字母和数字组成的，各部位的含义如下。

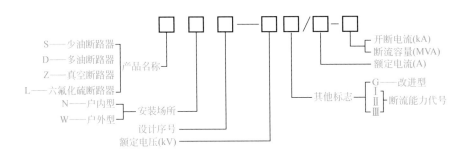

S——少油断路器
D——多油断路器
Z——真空断路器
L——六氟化硫断路器
产品名称

N——户内型
W——户外型
安装场所

设计序号
额定电压(kV)

其他标志

G——改进型
I
II   断流能力代号
III

额定电流(A)
断流容量(MVA)
开断电流(kA)

二、高压断路器的用途

高压断路器在高压开关设备中是一种最复杂、最重要的电器，它在规定的使用条件下，可以接通和断开正常的负载电路；也可以在继电保护装置的作用下，自动地切断短路电流；大多数断路器在自动装置的控制下，还可以实现自动重合闸。

高压断路器是一种能够实现控制与保护双重作用的电器。少油断路器的外形与符号如图4-35所示。

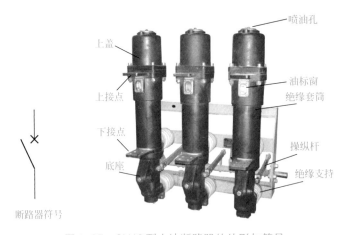

喷油孔
上盖
上接点
油标窗
绝缘套筒
下接点
操纵杆
底座
绝缘支持
断路器符号

图4-35 SN10型少油断路器的外形与符号

三、高压设备不能靠近，判断少油断路器运行状态的方法

少油断路器的运行状态可从以下方面判断：

① 信号灯　红灯亮表示合闸，同时监视分闸回路的完好性；绿灯亮表示分闸，同时监视合闸回路的完好性。

② 万能转换开关（即分、合闸操作手把）　处于垂直位置（合闸后）时，为合闸；处于水平位置（分闸后）时，为分闸。

③ 操动机构的指示器（指示牌）　CT型或CD型操动机构可通过其护罩的观察孔显示出的"合"、"分"确认；CS型操动机构则可根据指示器和操作把手综合确认。

④ 分闸弹簧　处于拉伸状态，为合闸；处于收缩状态，为分闸。

四、少油断路器是一个重要的设备，对其巡视检查周期和内容的规定

少油断路器的巡视周期规定：①变、配电所有人值班的，每班巡视一次，无人值班的，每周至少巡视一次；②特殊情况下（雷雨后、事故后、连接点发热未进行处理之前）应增加特殊巡视检查次数。

少油断路器的巡视检查的主要内容如下。

① 油断路器的油色有无变化，油量是否适当，有无渗漏油现象。油面应在油标管的两条红线之间；油色应为亮黄色；检查放油螺钉有无油滴痕迹。

② 各部瓷件有无裂纹、破损，表面有无脏污和放电现象。

③ 各个连接点有无过热现象。可由示温蜡片是否熔化、变色漆是否由浅变深以及上、下出线板与引出、引入母线的颜色是否变暗来判别。

④ 操作机构的连杆有无裂纹，少油断路器的软连接铜片有无断裂。

⑤ 操作机构的分、合闸指示与操作手把的位置、指示灯的显示，是否与实际运行位置相符。如断路器在合闸位置时，应红灯亮、控制开关在垂直状态、绝缘拉杆向外突出、分闸弹簧在拉伸状态、操动机构的分合闸指示牌指向"合"状态等。

⑥ 有无其他异常声响、异常气味。检查断路器运行中有无"噼啪"声、"嘀嗒"声、颤动声和撞击声；检查有无不正常的气味。

⑦ 多油断路器的钢丝绳提升机构的部件有无损伤、锈蚀，润滑是否良好。

⑧ 金属外皮的接地线有无腐蚀、折断，接触是否紧固。

⑨ 室外断路器的操作箱是否进水，断路器的冬季保温设施是否正常。

⑩ 负荷电流是否在断路器或隔离开关的额定值范围内。

⑪ 检查分闸、合闸电路是否完好，电源电压是否在额定范围。红灯亮表明断路器在合闸状态，并监视着分闸回路的完好性；绿灯亮表明断路器在分闸状态，并监视着合闸回路的完好性；可通过电压互感器柜上的电压表监视电源电压。

⑫ 直流系统有无接地现象。当出现一点接地时，必须加速查找，否则，如再出现一点接地时，将会造成开关误动、开关拒动或熔丝熔断。

五、少油断路器喷油的原因及处理方法

 少油断路器喷油的原因有三点：

① 少油断路器油箱内充油过多，油面过高，油箱内油面以上缓冲空间过小；

② 操作不当，两次掉闸之间的时间间隔过短；

③ 少油断路器的断流能力不够。

断路器喷油处理后，首先要根据喷油现象严重程度以及当时有关的其他情况（如断路器负荷侧的短路故障；连续掉闸等）确定喷油原因。其次，针对喷油原因，做出相应的防范措施。如：停电后放出油箱内多余的油；改进操作，避免短时间内连续掉闸；验算短路电流，必要时更换断流能力更大的断路器。若对断路器进行解体检修，则详细检查触头的烧蚀情况、灭弧室损坏情况以及油箱内油的质量。发现有缺陷就要消除，重新组装，充油后还要做传动试验。合格后，方可再次投入运行。

六、少油断路器缺油的原因及处理方法

少油断路器缺油主要是由以下几点造成的：

① 油标管进油口阻塞造成假油面（往油箱内注油时就能发现）；

② 渗漏油时间长造成缺油；

③ 放油螺栓或静触头螺母（SN_1-10型、SN_2-10型有此部件）未拧紧，造成迅速缺油；

④ 耐油橡胶垫破损，造成漏油严重。

发现少油断路器缺油要及时的处理。

① 首先采取措施防止少油断路器自动掉闸，如有继电保护掉闸压板，应立即解除，或取下操作回路小保险。

② 将该断路器的负荷电流尽量降低。

③ 采用安全的办法，将缺油的断路器停下来。当负荷电流已降至隔离开关允许的操作范围时，可用隔离开关来切断电路。如有联锁装置，无法先拉隔离开关，只得先拉开断路器，然后再拉开隔离开关。另一种情况是负荷电流降不下来，则需要先停上级断路器，然后再拉开缺油的断路器。

④ 履行检修手续，详细检查缺油原因，找出漏油部位，进行检修，注入适量的经试验合格的变压器油，才可重新投入运行。

七、发现看不到油面或发现断路器瓷绝缘断裂时的处理方法

如果发现看不到油面或发现断路器瓷绝缘断裂则是一个很危险的事故隐患，如果是备用的断路器，应禁止投入运行。

如果是运行中的断路器应首先采取措施防止少油断路器自动掉闸。将该断路器的负荷电流尽量降低，或转移负荷。采用安全的办法，将缺油的断路器停下来。当负荷电流已降至隔离开关允许的操作范围时，可用隔离开关来切断电路。如有联锁装置，无法先

拉隔离开关，只得先拉开断路器，然后再拉开隔离开关。另一种情况是负荷电流降不下来，则需要先停上级断路器，然后再拉开缺油的断路器。

八、瓷绝缘断裂的原因

造成瓷绝缘断裂的原因有以下几点。

① 瓷绝缘内在质量差，发生击穿，击穿点过热时引起瓷绝缘炸裂；

② 瓷绝缘在保管、运输、安装、检修的过程中，遭受外力损伤，最后形成断裂；

③ 在发生短路故障时，短路电流产生很大的电动力，瓷绝缘被拉断或切断；

④ 由于操作过猛，用力过大而断裂；

⑤ 少油断路器的支持瓷瓶，由于分、合闸缓冲器未调好或失灵，或由于分、合闸行程未调好而断裂。

九、少油断路器检修周期的要求

高压少油断路器的检修周期可根据断路器存在的缺陷和实际运行条件来确定。在一般情况下规定为：

① 每2～3年应小修一次；

② 每5年大修一次；

③ 新投入运行的断路器，一年后进行一次大修；

④ 故障掉闸三次以上或断路器发生严重喷油冒烟时，应立即停电安排检修。

第十四节　高压断路器的停、送电操作

一、高压断路器的停、送电操作与低压断路器操作的区别

高压断路器的操作与低压断路器不同，低压断路器的操作部分是在断路器的结构上，而高压断路器自身没有动作机构，是靠外部的操动机构实现分、合闸操作的，由于不同的断路器操动机构又分为几种动作能源，还有就是高压断路器的操作过程是与高压的继电保护线路连接的，通过内部的脱扣装置，能够实现各种保护功能。

二、高压断路器操动机构的种类

高压断路器的操动机构有三种，其型号含义如下。

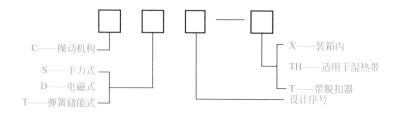

- C——操动机构
- S——手力式
- D——电磁式
- T——弹簧储能式
- X——装箱内
- TH——适用于湿热带
- T——带脱扣器
- 设计序号

三、操动机构内有脱扣器的表示方法

脱扣器俗称跳闸线圈，操动机构内脱扣器用数字表示：

"1"表示瞬时过电流脱扣器，起短路和过载保护作用；

"2"表示延时过电流脱扣器，起短路和过载保护用；

"3"表示失压脱扣器，起欠电压或失压保护用；

"4"表示分励脱扣器，有交、直流两类，可借助保护装置的动作，接通分闸电磁铁线圈使断路器自动掉闸；

"5"表示速饱和分励脱扣器，是专为适应由LQS-1型速饱和电流互感器供电的一种交流分闸电磁铁。

图 4-36　CS手动操动机构

四、手动操作机构

手动操动机构的型号是CS，手动操动机构是指靠人力来直接关合开关的机构，如图4-36所示。它的分闸有手动和电动两种。手动操动机构的结构简单、价格低廉、无需附属设备，但其操作性能与操作者的操作技巧、精神状态以及操作者的体力等因素有关。采用手力操动机构费力、安全性差，一般不应继续使用。

五、电磁操动机构

电磁操动机构是利用电磁铁将电能转变为机械能来实现断路器合、分闸的一种动力机构。如图4-37所示为CD电磁操动机构，电磁操动机构的型号是CD，电磁操动机构的分、合闸线圈均按短时通电设计。调试时，电动分、合闸连续操作不应超过10次，每次间隔时间不小于5s。以防烧毁线圈。

电磁操动机构采用直流供电，电磁合闸线圈合闸时瞬间电流可达190～290A，合闸线圈短路保护的熔丝应按合闸线圈额定电流的1/3～1/4选择。如图4-38所示是CD电磁操动机构控制电路原理。

由于高压断路器的分、合闸不像低压断路器那么简单，操作时要慎重，绝不可以误操作，所以使用了一种多功能的旋转开关，虚线表示有6个操作位置，黑点表示横向的连接点在这个位置时接通，例如⑥、⑦两点只有在分闸时接通，其他位置不接通。如图4-39所示是断路器主令开关，如图4-40所示是断路器操作开关位置示意图。

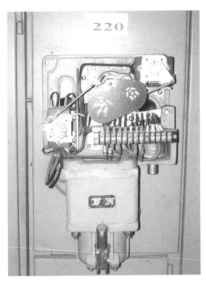

图 4-37　CD电磁操动机构

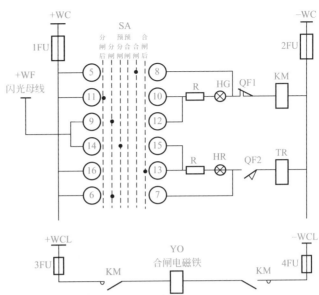

图 4-38　CD电磁操动机构控制电路原理

图 4-39　断路器主令开关

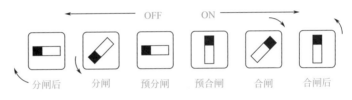

图 4-40　断路器操作开关位置示意图

六、电磁操动机构的工作过程

了解线路的工作过程是每一名电工都应当掌握的知识范围，首先应当了解电路中各个元件的作用，+WC、−WC是控制电路的直流母线；FU_1、FU_2是线路控制熔断器；+WF是闪光电源母线；R是电阻起到限流减压的作用；HG是绿色指示灯，表示断路器分闸；HR是红色指示灯，表示断路器合闸；KM是合闸电磁铁的接触器；YR是分闸线圈；QF_1、QF_2为断路器动作限位开关；YO是合闸电磁铁由单独的直流电源供电；SA是断路器操作主令开关，下面分步介绍每一个操作位置的工作过程。

1. "分闸后"位置

当控制开关SA在"分闸后"位置时，QF_1常闭辅助接点闭合，控制开关SA的11与10接点接通，此时，绿灯HG亮，指示断路器在分闸位置，这时电路的工作路径为+WC→FU→10→11→R→HG→QF_1→KM→FU_2→−WC，合闸接触器KM虽然也接通，但因该回路中串有绿灯HG及其附加电阻R有减压作用，加在KM上的电压较小，不足以使KM动作。但HG亮，表示断路器处于分闸状态，并起到监视合闸回路完好性的作用。分闸后电路路径如图4-41所示。

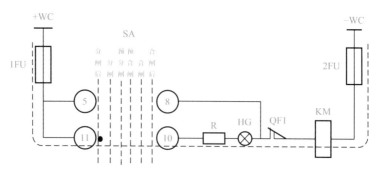

图4-41　分闸后电路路径

2."预合闸"位置

准备合闸时将控制开关SA顺时针旋转90°，SA开关的9和10（12）接通，绿灯回路仍然接通，HG亮；但此时是接通了闪光电源，绿灯闪光，发出预备合闸信号，提醒操作者是否合闸，但此时KM仍不动作，因为回路中仍串有电阻R及HG。预合闸电路路径如图4-42所示。

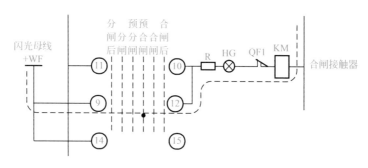

图4-42　预合闸电路路径

3."合闸"位置

确定合闸操作，可将主令开关SA再顺时针转动45°至"合闸"位置时，此时SA开关的5-8接点接通，R及HG被短接，KM得到全压而动作，合闸接触器KM的两对的常开触头闭合，合闸线圈YO得电动作，断路器合闸，合闸电路路径如图4-43所示。如果合闸不成功SA开关返回9和10（12）还接通，绿灯继续闪光，表示合闸不成功。

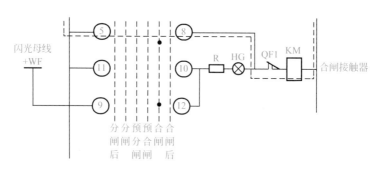

图4-43　合闸电路路径

4."合闸后"位置

控制开关SA在合闸位置稍做停顿松手后,手柄自复至垂直位置,即"合闸后"位置时,SA开关的16-13接点接通,此时,断路器合闸到位,断路器动作限位开关QF动作,QF$_1$断开合闸电路,QF$_2$接通分闸电路,红灯HR亮,指示断路器已在合闸位置(也叫运行位置),同时监视了分闸回路的完好性,由于线路中有电阻R和指示灯分闸线圈得不到全电压而不能吸合动作。合闸后电路路径如图4-44所示,这个位置也是设备运行位置。

图4-44 合闸后的电路路径

5."预分闸"位置

当准备分闸操作时,将主令SA逆时针转动90°至水平位置,其14和15(13)接通,接通后闪光母线红灯HR发出红色灯闪光,以示提醒是否分闸。但此时YR不动作,因为回路中仍串有电阻R及HR。预分闸电路路径如图4-45所示。

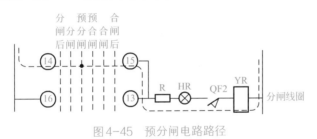

图4-45 预分闸电路路径

6."分闸"位置

确定了分闸操作,将控制开关SA逆时针转动45°至"跳闸"位置时,SA开关的6-7接通,R与HR被短接,全部电压加至分闸线圈YR上,断路器分闸,分闸电路路径如图4-46所示。其辅助常开接点QF$_2$打开,辅助常闭接点QF$_1$闭合,松开手柄,SA弹回至"分闸后"位置,绿灯HG亮。表示断路器已经分闸。

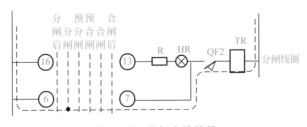

图4-46 分闸电路路径

7.事故跳闸

由于继电保护电路动作,断路器事故跳闸时,SA手柄仍在"合闸后"位置,SA开关的9-12是接通的，断路器限位开关QF₁复位闭合，此时绿灯HG应接至闪光母线，HG（绿灯）闪光表示事故跳闸。

七、弹簧储能操动机构的特征

 弹簧储能操动机构是利用弹簧的能量对开关实现分合操作，如图4-47所示是CT弹簧储能操动机构的构造图，弹簧储能操动机构有利于交流操作的推广，而且也可采用直流电源操作，为了保证合闸的可靠性，弹簧储能操动机构备有手动储能和手动分合闸功能。CT8型弹簧储能操动机构控制原理图4-48所示。

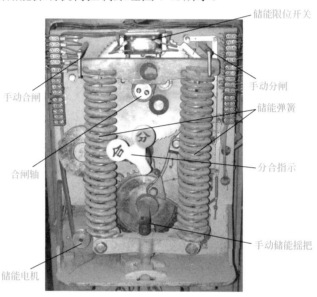

图4-47　CT弹簧储能操纵动机构的构造图

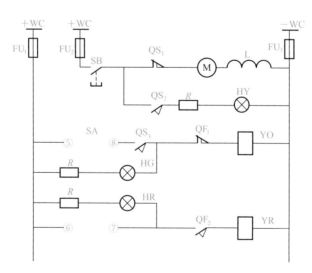

图4-48　CT8型弹簧储能操动机构的控制原理图

SB—储能按钮；QS—储能限位开关；L—电抗器；SA—断路器操作开关；QF—断路器动作限位开关；
YO—合闸线圈；YR—分闸线圈；HG—绿灯；HR—红灯；HY—黄灯；R—电阻

八、弹簧储能操动机构的操作过程

弹簧储能操动机构与电磁操动机构不同，合闸前需要先将储能弹簧拉开，做好能力准备。合闸操作步骤如下。

① SB为储能按钮，按下SB储能电机得电开始动作，储能开始。

② 当储能到位后，限位开关QS$_1$动作断开，储能电机失电停止，QS$_2$动作接通了储能指示灯HY（黄）亮，这时可以松开SB按钮。

③ 合闸时操作主令开关SA，令5、8接点接通，合闸线圈YO得电动作，断路器合闸。

④ 断路器合闸成功，断路器的辅助接点QF$_1$和QF$_2$动作，QF$_1$断开合闸回路，QF$_2$接通分闸回路，这时合闸指示灯红灯亮（HR）。

⑤ 分闸操作时，主令开关6、7接点接通，分闸线圈得电动作，断路器掉闸，QF接点复位，绿灯亮（HG）。

注意：合闸成功后，储能弹簧能量释放，储能限位开关QS复位，黄灯熄灭。再次合闸时需要再次储能，这样将影响操作时间，现在有一些开关柜的储能开关改用搬把开关，使用搬把开关有一些好处：①不用长时间地按住储能开关，搬向储能位置即可工作；②合闸成功后QS限位开关复位，由于储能开关再接通位置，储能电机又继续工作储能，做好再合闸的准备。

九、断路器操作前应做好的准备工作

断路器操作前要认真核对操作命令，设备的名称、编号，并检查断路器、隔离开关、自动开关、刀开关的通、断位置与工作票所写的是否相符，根据工作命令填写倒闸操作票，并根据操作票的顺序在操作模拟板上进行核对性操作。

十、做好了断路器操作准备工作后还应注意的安全事项

做好了准备工作，断路器操作时还要遵循以下的安全要求。

① 变配电所（室）值班人员应熟悉电气设备调度范围的划分。凡属供电部门调度所的设备，均应按调度员的操作命令进行操作。

② 不受供电调度所调度的双电源（包括自发电），用电单位严禁并路倒闸（倒路时应先停常用电源，后送备用电源）。

③ 10kV双电源允许合环倒路的调度户，为防止倒闸过程中过电流保护装置动作跳闸，经调度部门同意，在并路过程中自行停用进线保护装置，调度值班员不再下令。

④ 倒闸操作应由两人进行操作，其中一人唱票与监护，另一人复诵与操作。单人值班的变电所倒闸操作可由一人进行操作。

⑤ 操作前，应根据操作票的顺序在操作模拟板上进行核对性操作。

⑥ 操作时，必须先核对设备的名称、编号，并检查断路器、隔离开关、自动开关、刀开关的通、断位置与工作票所写的是否相符。

⑦ 操作中，应认真执行监护制、复诵制等。每操作完一步即由监护人在操作项目前画"√"。

⑧ 操作中发生疑问时，必须弄清后再进行操作。不准擅自更改操作票。

⑨ 操作人员与带电导体应保持足够的安全距离，同时应穿长袖衣服及长裤。

十一、开关柜要的"五防"功能

"五防"是保证电力网安全运行，确保设备和人身安全，防止误操作的重要技术措施。

"五防"是指：

① 防止误分、误合断路器；

② 防止带负荷分、合隔离开关；

③ 防止带电挂地线；

④ 防止带地线合闸；

⑤ 防止误入带电间隔。

第十五节　真空断路器的巡视检查

目前，在12kV及以下电压等级配网中大力推进设备无油化的进程中，真空断路器已逐渐取代油断路器，成为配网的主要设备。真空断路器是由绝缘强度很高的真空作为灭弧介质的断路器，其触头是在密封的真空腔内分、合电路，触头切断电流时，仅有金属蒸气离子形成的电弧，因为金属蒸气离子的扩散及再复合过程非常迅速，从而能快速灭弧，恢复真空度，经受多次分、合闸而不降低开断能力。

由于真空断路器本身具有结构简单、体积小、重量轻、寿命长、维护量小和适于频繁操作等特点，所以真空断路器可作为输配电系统配电断路器、厂用电断路器、电炉变压器和高压电动机频繁操作断路器，还可用来切合电容器组。如图4-49所示是移开式高压开关柜内使用的真空断路器。

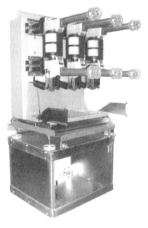

(a) 中置开关柜真空断路器手车　　　　　　(b) 移开式关柜真空断路器手车

图4-49　移开式高压开关柜内使用的真空断路器

一、真空断路器运行巡视检查的注意事项

1.正常运行的断路器在合闸状态下检查

断路器操作机构在合闸位置；断路器主轴滚轮离开油缓冲器；分闸弹簧处于储能拉伸状态；真空开关上下支架的试温片应无明显变化。

2.停电巡视检查

① 机构应处于明显的分闸指示状态，在分闸位置；
② 断路器大轴（传动轴）/滚轮与油缓冲器接触，油缓冲器处于压缩状态。

3.维修检查

① 真空断路器维护检查应按停电巡视检查项目，检查有无异常现象；
② 检查真空断路器各可动部位的紧固螺丝有无松动（断路器在维护部件上均用红色涂料标定位置）；
③ 检查真空断路器有无裂纹、破碎痕迹；
④ 检查拉杆（动触头连接杆3支）、真空灭室动静触头两端的绝缘支撑杆有无裂纹、断裂现象，支撑绝缘子表面有无裂纹及电弧外闪痕迹；
⑤ 油缓冲器在真空断路器合闸位置是否返回；
⑥ 检查油缓冲器有无压力；
⑦ 检查真空断路器所有螺栓有无松动及变形。

4.导电部位的检查

① 上下支架的外部连接螺栓有无松动；
② 上支架固定真空灭弧室螺栓有无松动；
③ 下支架导电夹螺栓有无松动。

5.传动部件的检查有无松动

① 拐臂与灭弧室动端杆的3根轴，两端挡卡；
② 拉杆与拐臂的固定螺母与擎母；
③ 6个固定支柱绝缘子的M20螺栓（在真空断路器框架）；
④ 固定真空断路器的安装螺栓；
⑤ 机构大轴与断路器拐臂的连接螺母及擎母；
⑥ 传动连接杆的焊接部位有无断裂；
⑦ 主传动轴的轴销有无松动脱落。

二、运行维护时应注意的问题

1.真空灭弧室的真空

真空灭弧室是真空断路器的关键部件，它是采用玻璃或陶瓷作支撑及密封，内部有

动、静触头和屏蔽罩，室内真空为 $10^{-3} \sim 10^{-6}$Pa 的负压，保证其开断时的灭弧性能和绝缘水平。随着真空灭弧室使用时间的增长和开断次数的增多，以及受外界因素的作用，其真空度逐步下降，下降到一定程度将会影响它的开断能力和耐压水平。因此，真空断路器在使用过程中必须定期检查灭弧室的真空。主要应做到如下两点。

① 定期测试真空灭弧室的真空度，进行工频耐压试验（对地及相间42kV，断口48kV），最好也进行冲击耐压试验（对地及相间75kV，断口85kV）。

② 运行人员应对真空断路器定期巡视。特别对玻璃外壳真空灭弧室，可以对其内部部件表面颜色和开断电流时弧光的颜色进行目测判断。当内部部件表面颜色变暗或开断电流时弧光为暗红色时，可以初步判断真空已严重下降。这时，应马上通知检测人员进行停电检测。

2.防止过电压

真空断路器具有良好的开断性能，但有时在切除电感电路时，并在电流过零前，使电弧熄灭而产生截流过电压，这点必须引起注意。对于油浸变压器不仅耐受冲击电压值较高，而且杂散电容大，不需要专门加装保护；而对于耐受冲击电压值不高的干式变压器或频繁操作的滞后的电炉变压器，就应采取安装金属氧化物避雷器或装设电容等措施来防止过电压。

3.严格控制触头行程和超程

国产各种型号的12kV真空灭弧室的触头行程为（11±1）mm，超程为（3.0±0.5）mm。应严格控制触头的行程和超程，按照产品安装说明书的要求进行调整。在大修后一定要进行测试，并且与出厂记录进行比较。不能误以为开距大对灭弧有利，而随意增加真空断路器的触头行程。因为过多地增加触头的行程，会使得断路器合闸后在波纹管内产生过大的应力，引起波纹管损坏，破坏断路器密封，使真空度降低。

4.严格控制分、合闸速度

真空断路器的合闸速度过低时，会由于预击穿时间加长，而增大触头的磨损量。又由于真空断路器机械强度不高，耐振性差，如果断路器合闸速度过高会造成较大的振动，还会对波纹管产生较大冲击力，降低波纹管寿命。通常真空断路器的合闸速度为（0.6±0.2）m/s，分闸速度为（1.6±0.3）m/s。对一定结构的真空断路器有着最佳分合闸速度，可以按照产品说明书要求进行调节。

5.触头磨损值的监控

真空灭弧室的触头接触面在经过多次开断电流后会逐渐磨损，触头行程增大，也就相当波纹管的工作行程增大，因而波纹管的寿命会迅速下降，通常允许触头磨损最大值为3mm左右。当累计磨损值达到或超过此值时，真空灭弧室的开断性能和导电性能都会下降，真空灭弧室的使用寿命即已到期。

为了能够准确地控制每个真空灭弧室触头的磨损值，必须从灭弧室开始安装使用时起，每次进行预防性试验或维护时，都准确地测量开距和超程并进行比较，当触头磨损后累计减小值就是触头累计磨损值。

当然，当触头磨损使动、静触头接触不良时，通过回路电阻的测试也可以发现问题。

6.做好极限开断电流值的统计

在日常运行中，应对真空断路器的正常开断操作和短路开断情况进行记录。当发现极限开断电流值 ΣI 达到厂家给出的极限值时，应更换真空灭弧室。

第十六节　运行中的高压隔离开关的巡视检查

一、高压隔离开关的作用

高压隔离开关（俗称高压刀闸）的动、静触头都是外露的，是一种没有灭弧装置的高压电器，拉开时有明显的断开点，它可以配合断路器使用。在设备检修时，拉开隔离开关后有明显的隔离作用，可以更加安全地做好保安措施，防止人身或设备事故的发生。它在合闸状态下，可以可靠地通过正常负荷电流和故障电流，它不能带负荷拉合，而只能在与其串接于同一回路中的断路器分闸后，方能进行分、合操作。

户内式隔离开关的外形如图4-50所示，户外式隔离开关的外形如图4-51所示。

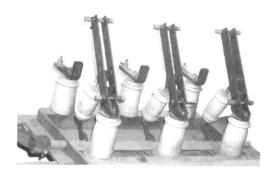

图4-50　户内式隔离开关的外形

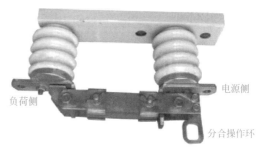

负荷侧　电源侧　分合操作环

图4-51　户外式隔离开关的外形

二、高压隔离开关可以进行的操作

高压隔离开关的主要用途如下。

（1）隔离电源，造成一个明显的断开点，使工作人员有安全感。

（2）倒换母线，在主接线为双母线的供电系统中，可以用隔离开关将设备或线路由一组母线倒换到另一组母线上。

（3）在系统正常的条件下，用隔离开关还可分合小电流电路。其允许的具体操作范围如下：

① 可以分、合电压互感器和避雷器；

② 可以分、合母线的充电电流和开关的旁路电流；

③ 可以分、合变压器中性点接地点；

④ 室内隔离开关可以分合315kVA以下的空载变压器和5km的空载线路；

⑤ 室外隔离开关可以分合500kVA以下的空载变压器和10km的空载线路。

三、高压隔离开关的图形符号和型号的表示方法

高压隔离开关的图形符号和型号含义如下。

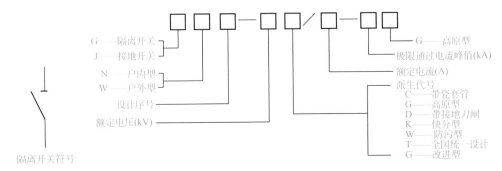

四、10kV高压隔离开关在安装维护时的要求

10kV高压隔离开关在安装维护时应注意以下几点：

① 隔离开关的刀片应与固定触头对准，并接触良好，接触面处应涂凡士林油；

② 隔离开关的各相刀片与固定触头应同时接触，前后相差不大于3mm；

③ 隔离开关拉开时，刀片与固定触头间的垂直距离，户外式应大于180mm，户内式应为160mm；

④ 隔离开关拉开时，刀片的转动角度，户外式为35°户内式为65°；

⑤ 固定触头端一般接电源；

⑥ 隔离开关的传动部件不应有损伤和裂纹，动作应灵活；

⑦ 单极隔离开关的相间距离不应小于下列数值，室内≥450mm，室外≥600mm；

⑧ 单极隔离开关的背板的角钢，不应小于50mm×50mm×5mm，穿钉≥12mm；

⑨ 隔离开关的延长轴、轴承、联轴器及曲柄等传动部件应有足够的机械强度，联杆轴的销钉不应焊死；

⑩ 隔离开关的拉杆应加保护环；

⑪ 带有接地开关的隔离开关，接地刀片与主触头间应有可靠的闭锁装置。

五、隔离开关在运行中的巡视检查周期和检查内容的要求

隔离开关在运行中的巡视检查周期：变、配电所有人值班的，每班巡视一次；无人值班的，每周至少巡视一次；特殊情况下（雷雨后、事故后、连接点发热未进行处理之前）应增加特殊巡视检查次数。

隔离开关在运行中的巡视检查内容：

① 瓷绝缘有无掉瓷、破碎、裂纹以及闪络放电的痕迹，表面应清洁；

② 连接点有无过热及腐蚀现象，监视温度的示温蜡片有无熔化，变色漆有无变色的现象；

③ 检查有无异常声响；

④ 动、静触头的接触是否良好，有无发热的现象；

⑤ 操动机构和传动装置是否完整，有无断裂，操作杆的卡环和支持点应无松动和脱落的现象。

六、隔离开关的安全操作要求

为了防止隔离开关的误操作，隔离开关手柄上装有联锁装置，联锁装置有机械联锁、锁板、锁柱、锁销（图4-52）、程序锁（图4-53）等。

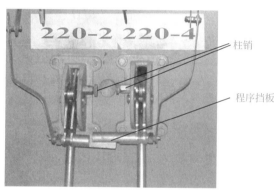

图4-52　隔离开关柱销

图4-53　程序锁

隔离开关手柄上转动机构装有柱销锁扣，操作时应先拉开柱销再搬动隔离开关手柄，操作完毕后松开柱销，联锁柱销又插入锁孔锁住开关位置，严禁在不打开柱销状态下强行操作隔离开关。

七、在不同的设备上高压隔离开关的操作顺序

在不同的设备上高压隔离开关的操作顺序是不一样的，具体操作顺序规定如下。

（1）高压断路器和高压隔离开关或自动开关及刀开关的操作顺序规定如下。

停电时，先拉开高压断路器或自动开关，后拉开高压隔离开关或刀开关；送电时，顺序与此相反。严禁带负荷拉、合隔离开关或刀开关。

（2）高压断路器或自动开关两侧的高压隔离开关或刀开关的操作顺序如下。

停电时先拉开负荷侧隔离开关或刀开关，如图4-52中的220-2所示，后拉开电源侧隔离开关或刀开关，如图4-52中220-4所示；送电时，顺序与此相反。

（3）变压器两侧开关的操作顺序规定如下。

停电时，先拉开负荷侧开关，后拉开电源侧开关；送电时，顺序与此相反。

（4）单极隔离开关及跌开式熔断器的操作顺序规定如下。

停电时，先拉开中相，后拉开两边相；送电时，顺序与此相反。

八、发生了误拉、误合隔离开关后的处理方法

隔离开关发生带负荷拉、合错误时，应按以下规定处理。

① 错拉隔离开关时，在刀口处如刚刚出现电弧，应迅速再将隔离开关合上；如已拉开，则不管是否发生事故，均不允许再次合上，并将有关情况报告有关部门。

② 错合隔离开关时，无论是否造成事故，均不允许再次拉开，并迅速采取必要措施，报告有关部门。

③ 如果是单极隔离开关，操作一相后发现错拉，对其他两相不允许继续操作。

隔离开关发生误操作时应遵守的原则是"将错就错"。

第十七节　运行中的高压负荷开关巡视检查

一、高压负荷开关的定义

高压负荷开关具有简单的灭弧装置，可以在额定电压和额定电流的条件下，接通和断开电路。但由于高压负荷开关的灭弧结构是按额定电流设计的，所以不能切断短路电流。高压负荷开关在结构上与高压隔离开关相似，有明显的断开点，在性能上与断路器相近，是介于高压隔离开关与高压断路器之间的一种高压电器。如图4-54所示为FN2型负荷开关，如图4-55所示为FZ型真空负荷开关。

图4-54　FN型负荷开关

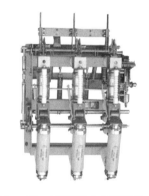

图4-55　FZ型真空负荷开关

当将高压负荷开关与高压熔断器配合使用时，由高压负荷开关分、合正常负载电路，由高压熔断器分断短路电流。高压负荷开关串联高压熔断器的组合方式常应

用于≤10kV及小容量的配电系统中。

二、负荷开关的图形符号和型号含义

负荷开关有户内FN型、FZ真空型、FL六氟化硫型，它们的图形符号是一样。

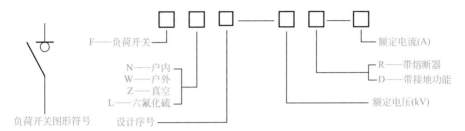

三、负荷开关的巡视检查周期和巡视检查的内容

负荷开关的巡视检查周期规定如下。

（1）变、配电所有人值班的，每班巡视一次；无人值班的，每周至少巡视一次。

（2）特殊情况下（雷雨后、事故后、连接点发热未进行处理之前）应增加特殊巡视检查次数。高压负荷开关巡视检查的内容规定如下：

① 瓷绝缘应无掉瓷、破碎、裂纹以及闪络放电的痕迹，表面应清洁；

② 连接点应无腐蚀及过热的现象；

③ 应无异常声响；

④ 动、静触头接触应良好，应无发热现象；

⑤ 操动机构及传动装置应完整，无断裂，操作杆的卡环及支持点应无松动和脱落的现象；

⑥ 负荷开关的消弧装置应完整无损。

四、负荷开关配合使用的熔断器

与负荷开关配合使用的熔断器有RN_1、RN_3、RN_5型。

五、负荷开关安装维护的要求

负荷开关在安全维护时应当遵守以下的规定：

① 负荷开关的刀片应与固定触头对准，并接触良好；

② 10kV高压负荷开关的各极刀片与固定触头应同时接触，其前后相差不大于3mm；

③ 户外高压柱上负荷开关的拉开距离应大于175mm；

④ 户内压气式负荷开关的拉开距离应为182mm±3mm；

⑤ 负荷开关的固定触头一般接电源侧，垂直安装时，固定触头在上侧；

⑥ 负荷开关的传动装置部件应无裂纹和损伤，动作应灵活；

⑦ 负荷开关的拉杆应加保护环；

⑧ 负荷开关的延长轴、轴承、联轴器及曲柄等传动零件应有足够的机械强度，联杆轴的销钉不应焊死；

⑨ 依墙安装的负荷开关与进线电缆的连接宜经过母线。

六、环网柜里有负荷开关，熔断器熔丝熔断后开关跳闸的现象？

环网柜从本质上说就是负荷开关柜，只是由于被应用在环网供电方面，因此被人们称为环网柜。环网柜的结构比较简单，价格也相对低廉，常用在配电及线路保护方面。

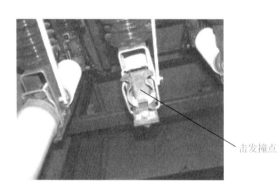

击发撞点

图4-56 开关撞击器

环网柜的主要电器元件是负荷开关和熔断器，熔断器内装有撞击开关器（图4-56），当一相熔断器熔断时撞击器弹起撞击脱扣连杆，使负荷开关三相联动跳闸切除故障电流，这样避免了因一相熔断器熔断造成二相供电的事情发生，负荷开关熔丝熔断击发装置如图4-57所示。

熔断器安装时应将撞击器向上（图4-58），对准熔断击发装置，否则将会造成供电系统缺相运行事故。

隔离开关

负荷开关

脱扣连杆　　熔断器

图4-57 负荷开关熔丝熔断击发装置

熔断撞击器

图4-58 熔体击发头

高压电工上岗技能一本通（双色版）

第十八节 运行中的避雷器巡视检查

一、10kV配电变压器的防雷保护要求

保护配电变压器的阀型避雷器或保护间隙应尽量靠近变压器安装，具体要求如下。

① 避雷器应安装在高压熔断器与变压器之间。

② 避雷器的防雷接地引下线采用"三位一体"的接线方法，即避雷器接地引下线、配电变压器的金属外壳和低压侧中性点这三点连接在一起，然后共同与接地装置相连接，其工频接地电阻不应大于4Ω。这样，当高压侧落雷使避雷器放电时，变压器绝缘上所承受的电压，即是避雷器的残压。

③ 在多雷区变压器低压出线处，应安装一组低压避雷器，这是用来防止由于低压侧落雷或由于正、反变换波的影响而造成低压侧绝缘击穿事故的。

二、避雷器在电力系统所起的作用

避雷器是电力系统变配电装置、电气线路、用电设备防雷保护中最常用的防雷保护装置。主要作用是防止雷电波浸入造成电气设备绝缘损坏，避雷器与被保护装置并联，当线路上出现雷电波过电压时，通过避雷器对地放电，避免出现电压冲击波，防止被保护设备的绝缘损坏和保证人身安全。如图4-59所示为避雷器图形符号与实物。

避雷器型号解释如下。

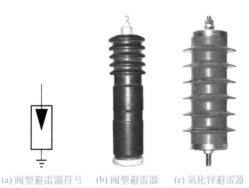

(a) 阀型避雷器符号　(b) 阀型避雷器　(c) 氧化锌避雷器

图4-59 避雷器图形符号与实物

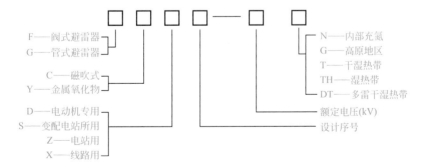

F——阀式避雷器		N——内部充氮
G——管式避雷器		G——高原地区
		T——干湿热带
C——磁吹式		TH——湿热带
Y——金属氧化物		DT——多雷干湿热带
D——电动机专用		额定电压(kV)
S——变配电站所用		设计序号
Z——电站用		
X——线路用		

三、避雷器的安装要求

避雷器的安装应当遵守以下规定。

第四章 高压电器

79

① 阀型避雷器，应垂直安装不得倾斜，应便于巡视检查，引线要连接牢固，避雷器上接线端不得受力。

② 阀型避雷器的瓷套应无裂纹，密封良好，经预防性试验合格。

③ 阀型避雷器安装位置距被保护物的距离尽量靠近。避雷器与 3 ~ 10kV 变压器的最大电气距离，雷雨季经常运行的单路进线处不大于 15m，双路进线处不大于 23m，三路进线处不大于 27m，若大于上述距离时应在母线上装设阀型避雷器。

④ 阀型避雷器为防止其正常运行或雷击后发生故障，影响电力系统正常运行，其安装位置可以处于跌开式熔断器保护范围之内。

⑤ 阀型避雷器的引线截面不应小于：铜线 16mm^2；钢线 25mm^2；钢管壁厚 $\geqslant$ 3.5mm；角钢、扁钢壁厚 $\geqslant$ 4mm。

⑥ 阀型避雷器接地引下线与被保护设备的金属外壳应可靠地与接地网连接。

⑦ 线路上单组阀型避雷器，其接地装置的接地电阻应不大于 5Ω。

四、避雷器巡视检查周期和检查内容的要求

避雷器的巡视检查周期应当遵守以下规定。

① 正常的巡视检查：有人值班的变配电所，每班一次；无人值班的变配电所每周至少一次。

② 雷雨等恶劣天应进行特殊巡视。

③ 停电清扫检查：室外装置每半年至少一次；室内装置每年至少一次。一般要在雷雨季节到来前进行试验、检修和清扫。

避雷器巡视检查内容如下：

① 检查避雷器瓷套表面情况；

② 检查避雷器的引线及接地引下线，有无烧伤痕迹；

③ 检查避雷器上端引线处密封是否良好；

④ 检查避雷器与被保护电气设备之间的电气距离是否符合要求；

⑤ 检查阀型避雷器内部有无异常响声（包括轻微的咝咝声）。

五、雷雨天气时避雷器的特殊巡视

避雷器雷雨天气的特殊巡视与检查的要求如下：

① 雷雨后应检查避雷器表面有无闪络放电痕迹；

② 避雷器引线及接地引下线有否松动；

③ 避雷器本体有否摆动；

④ 结合停电机会检查阀型避雷器上法兰泄水孔是否畅通。

六、造成阀型避雷器爆炸的原因

造成阀型避雷器爆炸的原因有以下几点。

① 在中性点不接地的电力系统中，发生单相接地时，可能使非故障相对地电压升高到线电压。此时，虽然避雷器所承受的电压小于其工频放电电压，但在持续时间较长的过电压作用下，也可能引起爆炸。

② 电力系统发生铁磁谐振过电压时，可能使避雷器放电（FS 型和 FZ 型避雷器是不允许在这种情况下动作的），从而烧损其内部元件而引起爆炸。

③ 当线路受雷击时，避雷器正常动作后，由于本身火花间隙灭弧性能较差，如果间隙承受不住恢复电压而击穿时，则电弧重燃，工频续流将再度出现。这样，将会因间隙多次重燃使阀片电阻烧坏，而引起避雷器爆炸。

④ 避雷器阀片电阻不合格，残压虽然降低，但续流却增大，间隙不能灭弧，阀片由于长时间通过续流烧毁而引起爆炸。

⑤ 避雷器瓷绝缘套管密封不良，容易受潮和进水等从而引起爆炸。

七、运行中的阀型避雷器瓷套发生裂纹时的处理方法

变、配电所值班人员在运行中巡视检查电气设备时，发现避雷器瓷绝缘套管有裂纹，应根据现场实际情况采用下列方法进行处理。

① 向有关部门申请停电，得到批准后做好安全措施，将故障避雷器换掉。如无备品避雷器，在考虑不致威胁电力系统安全运行的情况下，可采取在较深的裂纹处涂漆或环氧树脂等防止受潮的临时措施，并安排短期内更换新品。

② 如遇雷雨天气，应尽可能不使避雷器退出运行，待雷雨过后再进行处理。

③ 当避雷器因瓷质裂纹而造成放电，但还没有接地现象时，应考虑设法将故障相避雷器停用，以免造成事故扩大。

第十九节 跌开式熔断器的操作

一、跌开式熔断器的定义

跌开式熔断器是高压户外熔断器称呼，俗称跌落保险。它常应用于 10kV 配电线路及配电变压器的高压侧作短路及过载保护。在一定的条件下，它可以分、合空载架空线路、空载变压器以及小负荷电流。当熔丝熔断时熔管"跌落"下来，切断了电弧并形成了明显的安全隔离间隙。所以称为跌开式熔断器，户外跌开式熔断器除故障时能自动"跌落"外，在正常时还可借助于绝缘拉杆拉开或推上熔管，来分、合电路。

跌开式熔断器的图形符号如图4-60，其结构图如图4-61所示，10kV 常用的跌开式熔断器如图4-62所示。

图4-60 跌开式熔断器的图形符号

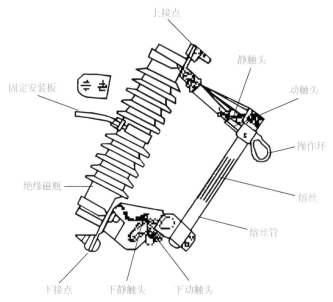

图 4-61　跌开式熔断器的结构图

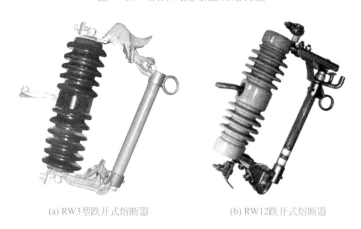

(a) RW3 型跌开式熔断器　　　　(b) RW12 跌开式熔断器

图 4-62　10kV 常用的跌开式熔断器

二、熔丝容量的选择

对于 100kVA 及以下的变压器，熔丝的额定电流按变压器一次额定电流的 2～3 倍来选，考虑到机械强度最小不得小于 10A，100kVA 以上的变压器，熔丝的额定电流按变压器一次额定电流的 1.5～2 倍来选择。

如一台 500kVA 的变压器的熔丝选择：500kVA 变压器一次额定电流 I_1 = 500×0.06≈30（A），熔丝选择（1.5～2）I_1 = 45～60（A），可选用 50A 的熔丝。

三、造成熔丝熔断的原因

造成高压熔丝熔断的原因主要有：

① 低压有事故而低压断路器未动作，造成高压熔丝熔断；

② 高压侧匝间短路；

③ 相间短路事故；

④ 高压熔丝连接不牢。

四、跌开式熔断器的安装维护要求

跌开式熔断器安装规定主要是安装位置规定和熔丝安装规定。

① 与垂线的夹角一般为15°～30°。

② 相间距离：室内0.6m；室外0.7m。

③ 对地面距离：室内3m为宜；室外4.5m为宜。

④ 装在被保护设备上方时，与被保护设备外廓的水平距离不应小于0.5m。

⑤ 各部元件应无裂纹或损伤，熔管不应有变形，掉管应灵活。

⑥ 熔丝位置应在消弧管中部偏上。如图4-63所示10kV的跌开式熔断器的熔丝不是一整根，而是30～50mm长，其他部分是铜编软线。

图4-63　10kV的跌开式熔断器的熔丝

五、操作跌开式熔断器时应遵守的安全要求

操作跌开式熔断器是一项带电的操作工作，必须严格遵守操作规程和操作顺序。

① 由两个人操作，一人监护，一人操作，操作者戴好绝缘手套，穿上绝缘靴。

② 操作时应戴上防护镜，以免带故障拉、合时发生弧光灼伤眼睛；同时站好位置，操作时果断迅速，用力适度，防止冲击力损伤瓷体。

③ 送电操作时则先合两个边相，后合中间相。

④ 停电操作时则先拉中间相，后拉两边。

变压器停电时，先拉低压侧各分路（支路）开关，再拉低压线路总开关，最后拉变压器高压熔断器。

停电时先拉中相的原因主要是考虑到中相切断时的电流要小于边相（电路一部分负荷转由两相承担），因而电弧小，对两边相无危险。操作第二相（边相）跌落式熔断器时，电流较大，而此时中相已拉开，另两个跌落式熔断器相距较远，可防止电弧拉长造成相间短路。

⑤ 遇到大风时，要按先拉中间相，再拉背风相，最后拉迎风相的顺序进行停电。送电时则先合迎风相，再合背风相，最后合中间相，这样可以防止风吹电弧造成短路。

⑥ 在雨天或雪天里，一般不要操作跌落式熔断器。不得不操作时，应使用有防雨罩的绝缘杆。有雷电时则严禁操作跌落式熔断器和更换熔丝。

⑦ 跌落式熔断器不允许带负荷操作。

⑧ 不可站在熔断器的正下方，应有约60°的角度。

六、跌落式熔断器的具体操作方法

操作人员在拉开跌落式熔断器时，必须使用电压等级适合、经过试验合格的绝缘杆，穿绝缘鞋，戴绝缘手套、绝缘帽和防目镜或站在干燥的木台上，并有人监护，以保人身安全。操作人员在拉、合跌落式熔断器开始或终了时，不得有冲击。冲击将会损伤熔断器，如将绝缘子拉断、撞裂，鸭嘴撞偏，操作环拉掉、撞断等。所以工作人员在对跌落式熔断器分、合操作时，千万不要用力过猛，发生冲击，以免损坏熔断器，且分、合必须到位。

1. 跌落式熔断器拉开操作

跌落式熔断器型号不同其上触头结构也不相同，操作方法也不一致，RW3型（单号）跌落式熔断器的分开操作不能用拉操作环的方法，而是应采用捅开鸭嘴的方法使熔断器自动跌落，如图4-64所示，RW4型（双号）跌落式熔断器的分开操作是采用拉操作环的方法拉开熔断器，如图4-65。

图4-64　鸭嘴式熔断器分开操作　　　　图4-65　拉环式熔断器分开操作

图4-66　先挑住操作环外侧

2. 合跌落式熔断器的操作

合熔断器时绝缘杆前端横钩应挑在熔断器操作环外侧，如图4-66所示，慢慢提起对准熔断器的静触头，对准后快速向上一捅即可合上，如图4-67所示，快但用力不可太大，以防止操作冲击力，造成熔断器机械损伤。如果动作速度太慢会造成合闸冲击电流使熔断器熔丝熔断。操作时绝缘杆的横钩不应放在熔断器操作环内，以防止合上熔断器后由于拉杆的抖动使熔断器闭合不严或再次拉开。

3. 熔断器的摘、挂操作

当更换熔丝和检修维护时，需要将熔丝管摘下，拉开熔断器后用绝缘杆前端的横沟，挑住熔丝管下触头的凹槽处，向上提即可取出熔丝管，挂装时同样用绝缘杆挑住熔丝管下触头凹槽，对准底座上的挂轴放下熔丝管，检查动作是否灵活，如图4-68所示。

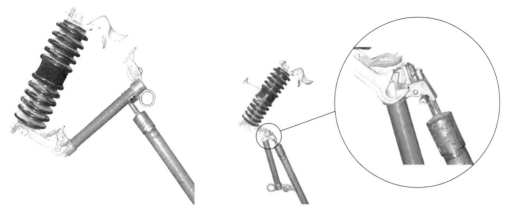

图4-67　对准静触头　　　　　　　　　　　图4-68　熔断器的摘、挂操作

第二十节　高压柜带电显示器

一、带电显示器的用途

户内高压带电显示装置（简称显示器），原产品型号为GSN，后根据国家电力行业标准型号正式定为DXN。根据其所用于电压等级不同，可分为7.2kV、7.2kV和40.5kV三大系列，高压带电显示装置是高压开关柜中不可缺少的五防装置。

高压柜带电显示器是利用高压电场与传感器之间的电场耦合原理发光的，在安全距离外进行感应式测量，与指示灯不同，指示灯需要变压器或电压互感器实现接触式测量。

如图4-69所示是带电显示器的图形符号，如图4-70所示是带电显示器的工作接线图，如图4-71所示为带电显示器实物图。

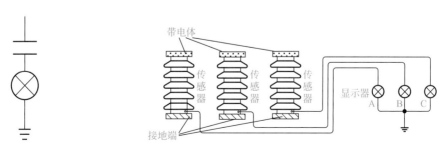

图4-69　带电显示器的图形符号　　　　　图4-70　带电显示器的工作接线图

(a) 传感器　　　　　　　(b) 显示器面板　　　　　　　(c) 显示器接线端子

图4-71　带电显示器实物图

二、高压带电显示器的特点

高压带电显示器的特点如下。

① 可靠性　感应式（非接触式）传感器在线路安全距离之外检测线路是否带电，且具有明显的方向性，灵敏度高，安全可靠。

② 经济性　传感器不与带电体直接接触，安装与检修时无需做局部放电试验，简单方便，维护费用低，使用寿命长。

③ 适应性　形式多样，可广泛应用于户内、户外、GIS组合电器及开关柜等各种场所。

三、带电显示器的组成

该装置是利用高压电场与传感器之间的电场耦合原理，在安全距离外进行感应式（非接触式）测量，其工作原理如图4-70所示。

高压带电显示闭锁装置由传感器、显示器（氖灯）两部分组成。传感器共三支，分别对准"A、B、C"三相带电体，与高压带电体无直接接触，并保持一定的安全距离。它接受高压带电体电场信号，并传送给显示器进行比较判断：

当被测设备或网络带电时，"A、B、C"三相指示氖灯亮，"操作"指示灯熄灭，且输出强制闭锁信号；

当被测设备或网络不带电时，"A、B、C"三相指示氖灯都熄灭，"操作"指示灯亮，同时解除闭锁信号，可以进行设备操作；

装置采用分相控制，任何一相带电时，即闪光报警，并输出强制闭锁信号，当显示器失去控制电源时，显示器输出强制闭锁信号，保持闭锁状态；

显示器上设有"自检"功能，即可自动检测传感器和显示器的各种功能模块，在装置发生任何故障时，"电源"指示灯都闪亮，"操作"指示灯不会亮，始终输出强制闭锁信号，保持闭锁状态。

四、10kV 开关柜带电显示器的使用规定

10kV 开关柜带电显示器的使用规定有如下：

① 凡装有鉴定合格且运行良好的带电显示器，均可作为线路有电或无电的依据；

② 变电所内正常操作时，拉开断路器前检查三相监视灯全亮，拉开断路器后检查三相监视灯全灭，即可认为线路无电；

③ 当断路器由远方操作拉开或事故掉闸后，如带电显示器三相监视灯全灭，即可认为线路无电；

④ 使用带电显示器应列入操作步骤，如检查211带电显示器三相灯亮、检查211带电显示器三相灯灭；

⑤ 带电显示器应定期进行检查，如线路有电而其三相监视灯有一相或多相不亮时应及时处理、更换；在未恢复正常前，该带电显示器不得作为验电依据，必须使用验电器验电。

五、10kV 开关柜带电显示器的安装使用和维修规定

10kV 开关柜带电显示器安装、使用和维修要求如下。

① 安装前应将传感器表面灰尘、污秽清洗干净。

② 将传感器紧固在安装架上，安装面应平整、紧固和可靠。导电母排应当与上法兰可靠接触。

③ 按接线方案，用 1.5mm² 绝缘导线将传感器与显示器通过接线端子按相应相序连接，用 2.5mm² 绝缘导线，按接地标志可靠接地。显示装置的布线应单独敷设。

④ 产品出厂时，要经严格实验。用户在投运前，应进行以下实验。

绝缘水平实验：可以与配套产品一起进行 1 min 工频耐受电压实验。

⑤ 当氖灯寿命告终时，用户应及时更换，以确保显示装置正常工作，配用氖灯为 NH0-4C 型。

第二十一节　摇测油浸式变压器、电压互感器的绝缘电阻

一、摇测变压器绝缘电阻所选用的兆欧表

检查10kV电力设备的绝缘电阻应选用2500V的兆欧表。使用前对兆欧表进行外观检查：应良好，外壳完整、摇把灵活、指针无卡阻、表板玻璃无破损；然后对兆欧表

进行开路试验和短路试验，开路试验是将两个表笔（L和E）分开，摇动兆欧表的手柄达120r/min时表针指向无限大（∞）为好。短路试验：摇动兆欧表手柄，将两个表笔瞬间搭接一下，表针指向"0"（零），说明兆欧表正常。

二、摇测变压器绝缘电阻的项目

第一项是高对低及地（一次绕组对二次绕组和外壳）的绝缘电阻。
第二项是低对高及地（二次绕组对一次绕组和外壳）的绝缘电阻。

三、油浸式变压器绝缘电阻合格值的要求

①高对低及地的绝缘电阻值，变压器温度在20℃时不小于300MΩ。
② 这次测得的绝缘电阻值与上次测得的数值换算到同一温度下相比较，这次数值比上次数值不得降低30%。
③ 吸收比R60/R15，在10～30℃时应为1.3及以上。

四、变压器停用后不可能是20℃，其他温度范围的绝缘电阻的测量方法

其他温度范围的绝缘电阻可查看绝缘电阻的最低合格值与温度的关系（表4-5）。也可利用口诀计算出各温度下的绝缘电阻，口诀是"升十减半，减十翻倍，良好乘以一点五"，即以20℃时的电阻为标准，温度升10℃，阻值减一半，温度减10℃阻值翻一倍，再乘以一点五倍就是良好值。

表4-5　一次电压为10kV的变压器，高对低绝缘电阻的最低合格值与温度的关系

温度/℃	10	20	30	40	50	60	70	80
最低值/MΩ	600	300	150	80	43	24	13	8
良好值/MΩ	900	450	225	120	64	36	19	12

五、摇测一次绕组对二次绕组及地（壳）的绝缘电阻的接线方法

如图4-72所示，将一次绕组三相引出端1U、1V、1W用裸铜线短接，以备接兆欧表"L"端；将二次绕组引出端N、2U、2V、2W及地（地壳）用裸铜线短接后，接在兆欧表"E"端；必要时，为减少表面泄漏影响测量值可用裸铜线在一次侧瓷套管的瓷裙上缠绕几匝之后，再用绝缘导线接在兆欧表"G"端。

高压电工上岗技能一本通

（双色版）

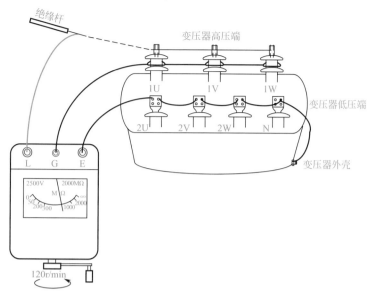

图4-72 摇测一次绕组对二次绕组及地（壳）的绝缘电阻的接线示意图

六、摇测二次绕组对一次绕组及地（壳）的绝缘电阻的接线方法

如图4-73所示，将二次绕组引出端2U、2V、2W、N用裸铜线短接，以备接兆欧表"L"端；将一次绕组三相引出端1U、1V、1W及地（壳）用裸铜线短接后，接在兆欧表"E"端；必要时，为减少表面泄漏影响测量值可用裸铜线在二次侧瓷套管的瓷裙上缠绕几匝之后，再用绝缘导线接在兆欧表"G"端。

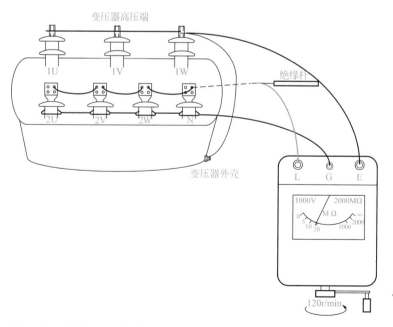

图4-73 摇测二次绕组对一次绕组及地（壳）的绝缘电阻的接线示意图

七、油浸式变压器绝缘摇测的工作步骤

摇测变压器绝缘必须有工作票和操作票，按下列步骤操作：

① 将变压器停电、验电并放电；

② 拆除变压器一次和二次的接线；

③ 将绝缘瓷套管擦干净，检查兆欧表；

④ 按要求正确接线；

⑤ 两人操作，一人转动兆欧表手柄，另一人用绝缘物握住"L"端的测试线绝缘部分，将兆欧表转至120r/min，指针指向无穷大∞；

⑥ 将"L"测试线触牢变压器引出端，在15s时读取一个数值（R15），在60s时再读一个数值（R60），记录摇测数据；

⑦ 待表针基本稳定后读取数值，先撤出"L"测线后再停摇兆欧表；

⑧ 必要时用放电棒将变压器绕组对地放电；

⑨ 记录变压器温度；

⑩ 摇测另一项目；

⑪ 摇测工作全部结束后，拆除相间短接线，恢复原状。

八、摇测工作中应注意的安全事项

如果测量方法不正确，将导致测量误差增大，无法得出准确的结果，以致造成误判断，还有可能造成人员伤害和仪表的损坏，必须遵守以下几点：

① 已运行的变压器，在摇测前，必须严格执行停电、验电、接地线等规定，还要将高、低压两侧的母线或导线拆除；

② 必须由两人或两人以上来完成上述操作；

③ 摇测前后均应将被测线圈接地放电，清除残存电荷，确保安全。

九、变压器绝缘的检测周期

变压器的绝缘检测周期是有以下规定的：

① 运行中的变压器，每1～3年应做一次预防性试验；

② 变压器油每年应进行耐压试验，10kV以下的变压器每三年做一次油的简化试验；

③ 变压器在清扫、检查时，应摇测变压器中的一、二次绕组的绝缘电阻。

十、摇测油浸式电压互感器绝缘电阻和变压器的方法

电压互感器实际是一种特殊的变压器，摇测油浸式电压互感器的工作要求与变压器的工作要求是一致的，接线方式如图4-74所示。

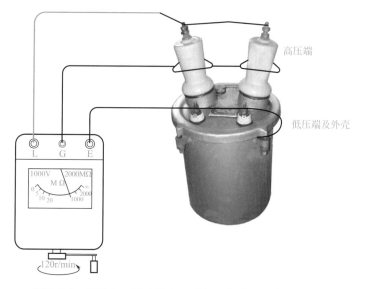

图4-74 摇测电压互感器高压对低压绝缘电阻接线示意图

第二十二节 10kV电力电缆绝缘电阻值的测量与维护

一、10kV电力电缆绝缘电阻摇测项目及合格标准

电力电缆是重要的电力设施，绝缘电阻的要求很严格，电力电缆的绝缘摇测项目为相间及对地（铅包、铝包、金属铠装即对地）的绝缘电阻值，即U-V、W、地，V-U、W、地，W-U、V、地，共三次。

电力电缆的绝缘电阻值与电缆线芯截面、电缆长度有关，因此对其合格值难以规定统一的标准。但根据经验一般以下列标准作为合格值的参考依据：

① 长度在500m及以下的10kV电力电缆用2500V兆欧表测量，在电缆温度为20℃时，其电阻值不低于400MΩ；

② 三相之间绝缘电阻值，不平衡系数不大于2.5。三相绝缘电阻不平衡系数是指三相绝缘电阻值中的最大与最小值的差比；

③ 测量值与上次测量值，换算到同一温度下其值不得下降30%。

二、摇测电缆绝缘工作应准备的工具和材料及正确的接线方法

摇测电力电缆的绝缘工作应准备好2500V兆欧表及测试线、放电棒、绝缘手套和

裸铜线。电缆绝缘摇测接线方法如图4-75所示。

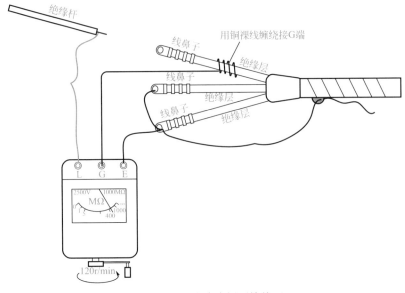

图4-75　电缆绝缘摇测接线图

三、摇测电缆绝缘的工作步骤

摇测电缆绝缘的工作必须有操作票和工作票，按照以下步骤进行。

① 电缆停电后，先对电缆进行逐相放电，放电时间不得小于1min（分钟），电缆较长、电容量较大的不少于2min（分钟）。

② 用干燥、清洁的软布，擦净电缆线芯附近的污垢。

③ 按要求正确地接线，如摇测U-V、W、地的地绝缘，将U相的绝缘层接于兆欧表的屏蔽"G"端子上；将V、W两相的线芯连接再与电缆金属外皮相连接后共同接在兆欧表"E"端上；将一根测试线接在兆欧表的"L"端子上，另一端用绝缘杆挑着暂时不接U的线芯。

④ 一人用手握住绝缘杆挑着"L"测试线，另一人转动兆欧表摇把达120r/min，这时将"L"线与被测的U相线芯接触，待1分钟后（读数稳定后），记录其绝缘电阻值。

⑤ 先将"L"线撤离线芯，再停止转动摇把。

⑥ 电缆线芯对地放电。

⑦ 换其他相测量。

四、摇测电缆绝缘工作时的安全事项

摇测电缆绝缘工作应注意以下事项；

① 将被测电缆按安全技术措施的规定退出运行，停电、验电、放电、在电缆两端设立接地线；

② 拆下电缆压接螺栓，布设遮栏，并悬挂标示牌；

③ 被摇测电缆的另一端必须做好安全措施，布设遮栏，挂标示牌或有人看护，勿使人接近被测电缆，更不能造成反送电事故；

④ 测量电缆绝缘电阻时，应由两个人进行，操作者应穿绝缘靴、戴绝缘手套；

⑤ 为防止电缆对兆欧表放电，测量时摇动兆欧表手柄达到120r/min时才可将"L"接于电缆线芯，测量完毕要先撤离"L"线，然后兆欧表停止摇动；

⑥ 测量完毕要对电缆放电。

五、电力电缆的试验周期

停电超过一个星期但不满一个月的电缆，重新投入运行前，应摇测绝缘电阻值与上次试验记录作比较（换算到同一温度下），不得降低30%，否则必须做直流耐压试验。

① 敷设在地下、隧道以及沿桥梁架设的电缆，发电厂、变电所的电缆沟、电缆井、电缆支架电缆段等的巡视检查，每三个月至少一次。

② 敷设在竖井内的电缆，每年至少一次。

③ 室内电缆终端头，根据现场运行情况，每1～3年停电检修一次；室外终端头每月巡视检查一次，每年二月及十一月进行停电清扫检查。

④ 对于有动土工程挖掘暴露出的电缆，按工程情况，随时检查。

⑤ 接于电力系统的主进电缆及重要电缆，每年应进行一次预防性试验；其他电缆一般每1～3年进行一次预防性试验。预防试验宜在春、秋季节、土壤水分饱和时进行。

⑥ 1kV以下电缆用1000V兆欧表测试其电缆绝缘，不得低于10MΩ：6kV及以上电缆用2500V兆欧表测试其电缆绝缘，不得低于400MΩ。

六、电缆的最高允许温度

电缆在运行中，由于导体电阻、绝缘、铅（铝）包和铠装的能量损耗，使电缆发热，温度升高。电缆运行温度过高，会导致其绝缘性能破坏而缩短电缆使用期限，甚至引起故障。所以对电缆运行最高允许温度有一定的要求，对不同型式及电压等级的电缆有不同的规定。

10kV黏性浸渍纸绝缘电缆导体的长期允许工作温度60℃。

10kV交联聚乙烯绝缘电缆导体的长期允许工作温度90℃。

第二十三节　阀型避雷器绝缘测量

一、阀型避雷器测量项目及标准

在10kV配电装置中，目前主要使用FS和FZ两种型号的避雷器，FS型避雷器主要有火花间隙，无并联电阻，一般绝缘电阻值在10000MΩ以上，最低不能低于5000MΩ，线路用避雷器最低电阻值不低于2500MΩ。FZ型避雷器具有火花间隙和并联电阻，通过绝缘电阻测量，除检查避雷器内部是否受潮外，还能检查并联电阻有无断裂、老化现象。如果避雷器受潮其绝缘电阻下降，若并联电阻断裂、老化，其绝缘电阻值比正常值要大得多，FZ型避雷器绝缘电阻值不做规定，只能与相同型号的避雷器绝缘电阻和上次测量的电阻值进行比较，一般10kV有并联电阻的避雷器最低合格值不低于30MΩ。有并联电阻的避雷器其绝缘电阻值，实际是并联电阻的阻值，该阻值在温度5～35℃范围内阻值变化小，所以测量绝缘电阻时室温不能低于5℃。

二、测量阀型避雷器使用的工具器材及接线方法

主要使用以下的工具材料，测量避雷器绝缘电阻接线图如图4-76所示。

① 使用2500V、量程为1000MΩ以上的兆欧表；

② 接线用多股胶软铜芯导线（截面为4～6mm²绝缘导线）；

③ 绝缘杆一根。

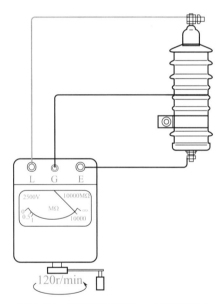

图4-76　测量避雷器绝缘电阻接线图

三、测量阀型避雷器绝缘的操作步骤

工作前必须取得工作票和操作票，将在线的避雷器退出运行，工作顺序如下：

① 线路停电、验电、放电、挂接后，将避雷器拆下；

② 用干净面纱擦拭干净避雷器表面的污垢，将避雷器放置在绝缘物上；

③ 将兆欧表置于水平位置，并检查兆欧表的外观，做"开路"和"短路"试验；

④ 按如图4-76所示正确接线；

⑤ 摇动兆欧表至120r/min，待指针稳定1min后取读数，记下阻值。

四、测量避雷器时的安全注意事项

必须停电退出运行后，测量绝缘电阻，测量中应与带电体规定的安全距离；测量绝缘电阻值不合格的避雷器，不能再次投入运行。应进一步进行检查、试验。

第二十四节　母线绝缘电阻测量

一、母线绝缘电阻测量项目及标准

10kV配电装置母线系统绝缘电阻，可与系统中的断路器、隔离开关及电流互感器一起测试。通常在母线系统耐压试验前、后进行，并进行比较。由于母线系统的绝缘电阻值与系统的大小有关，所以对绝缘电阻值不做标准规定，根据经验一般长度不超过10m的母线系统，在交接试验中各相对地及相间绝缘电阻值不应低于500MΩ，在耐压试验前、后不应有明显差别，预防性试验其阻值不应低于300MΩ。

二、母线绝缘电阻测量使用的工具器材及接线方法

主要使用以下的工具材料，母线绝缘电阻测量接线图如图4-77所示。
① 使用2500V或5000V、量程为1000MΩ以上的兆欧表；
② 接线用多股胶软铜芯导线（截面为4～6mm²绝缘导线）；
③ 绝缘杆一根。

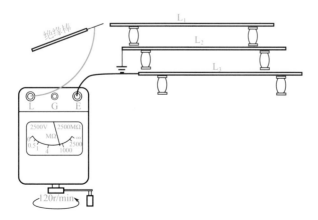

图4-77　母线绝缘电阻测量接线图

三、母线绝缘电阻测量的操作步骤

工作前必须取得工作票和操作票，工作顺序如下：

①执行安全技术措施，将运行的母线退出运行，验电确无电压；

②拆除被测母线系统所有对外连接线（包括进、出电缆头）；

③用干燥清洁的软布擦拭干净瓷瓶和绝缘连杆等表面污垢，必要时用去垢剂洗净瓷瓶表面的积污；

④将兆欧表水平放置，做外观检查和"开路"、"短路"试验，确认兆欧表完好；

⑤按图接线，摇动兆欧表手柄120r/min，待指针指"∞"时，用测试绝缘棒将兆欧表"L"端子线接到被测母线上，待表指针稳定后，读取读数之后取下"L"线，兆欧表停止摇动；

⑥用放电棒对被测线进行放电；

⑦按上述操作步骤分别测量 L_1 对 L_2+L_3 及地；L_2 对 L_1+L_3 及地；L_3 对 L_1+L_2 及地的三相母线绝缘电阻值，如测量的绝缘电阻值过低或三相严重不平衡时，应进行母线分段、分柜的解体试验，查明绝缘不良原因。

四、测量母线绝缘时的安全注意事项

测量母线系统绝缘电阻时，必须在断开所有母线电源的情况下进行；分段母线摇测绝缘电阻时，如果有一段母线已送电需对另一段母线测量绝缘电阻时，在两段母线之间只有一个隔离开关相隔离的情况下，不得进行测试工作。

第二十五节 单臂电桥的使用

一、单臂电桥的用途

直流单臂电桥是用来测量精确电阻值的专用仪器，其测量范围为 $1 \sim 9999999\Omega$。高压电工使用单臂电桥主要是用于测量变压器绕组的直流电阻，在油浸变压器分接开关一节当中有使用介绍。

如图4-78所示为QJ23型直流单臂电桥实物，如图4-79所示为QJ23直流单臂电桥功能旋钮。

图 4-78　QJ23直流单臂电桥实物

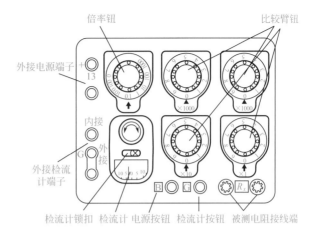

图 4-79　QJ23直流单臂电桥功能旋钮

二、单臂电桥的使用方法

单臂电桥是一种比较精密的仪器仪表，应当按照正确的使用方法操作，不然有可能造成仪表损坏，使用步骤如下。

① 在使用前，先把检流计的锁扣打开，并调节调零器把指针调到零位。

② 接入被测电阻时，应选择粗而短的导线连接，拧紧接头，保证接触良好。如接头接触不良时，将使电桥的平衡不稳定，甚至可能损坏检流计，所以需要特别注意。

③ 先用万用表粗测被测量电阻值，以便选择合适的比率臂。例如，被测电阻为几欧姆，应选用×0.001的比率，这时如果比较臂四个旋钮的读数为6789，则被电阻 $R_x =$ $6789×0.001 = 6.789$（Ω），同理被测电阻为几十欧时，应选用×0.01的倍率。

④ 进行测量时，应先接通电源按钮B，然后接通检流计按钮G。测量结束后，应先断开检流计按钮G，再断开电源按钮B，否则会因自感电势使检流计损坏。在测电感线圈的直流电阻时，这一点尤其需要注意。

⑤ 电桥电路接通后，如果检流计向"＋"的方向偏转，表示需要增加比较臂的电阻；反之，如指针向"–"的方向偏转，则应减小比较臂的电阻。反复调节比较臂电阻使指针向零位趋近，直至电桥平衡为止。

⑥ 电桥使用完毕后，应立即将检流计的锁扣锁上；以防止在搬动过程中将悬丝损坏。有的电桥检流计不装锁扣，这时，应将按钮"G"断开，它的常闭接点就会自动将检流计短路。

三、测量变压器绕组的直流电阻的方法

测量油浸变压器绕组的工作步骤如下。

① 将变压器退出运行验电，彻底放电，做好安全技术措施，拆除高压侧连接线。

② 清除接点表面的氧化物，用万用表先简单测量绕组的直流电阻（例如约6Ω）。

③ 将电桥与变压器用较粗的导线连接牢固（如UV相间）。直流单臂电桥测量变压器绕组直流电阻接线示意图如图4-80所示。

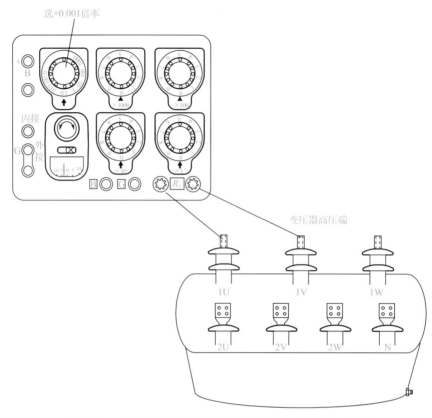

选×0.001倍率

内接
外接

变压器高压端

1U   1V   1W

2U   2V   2W   N

图4-80   直流单臂电桥测量变压器绕组直流电阻接线示意图

④ 电桥倍率钮选×0.001倍，这时比较臂旋钮×1000钮为个位数，×100为小数点后一位，×10为小数点后第二位，×1为小数点后第三位，暂定读数为6.500。

⑤ 先按下电源钮B，几秒钟后再轻轻按一下G钮，查看检流计偏转方向，如果检流计向"＋"的方向偏转，增加比较臂的电阻；如果指针向"–"的方向偏转，则应减小比较臂的电阻。反复调节比较臂电阻使指针向零位趋近，直至检流计指针稳定为止。

⑥ 正确读数，此时比较臂四个旋钮数值为6338，6338×0.001＝6.338（Ω）。

⑦ 测量一相绕组完毕后，应对变压器放电，更换接线测量另一绕组。

⑧ 本次测量的三个电阻R_{UV}、R_{VW}、R_{WU}之间进行比较，它们的不平衡误差也不应该超过2%。

⑨ 不平衡误差计算：（最大值–最小值）/平均值×100%。

⑩ 本次测量的结果与历次测量的结果进行比较，不应有2%偏差。

第二十六节　消谐器的应用

一、消谐器的用途

消谐器是一种现代新型的消除谐振过电压的装置，当电压互感器中母线空载或出线较少时，因合闸充电或在运行时接地故障消除等原因的激发，会使电压互感器过饱和，则可能产生铁磁谐振过电压。出现相对地电压不稳定、接地指示误动作、电压互感器高压保险丝熔断等异常现象，严重时会导致电压互感器烧毁，继而引发其他事故。谐振消除装置的主要用途有以下几点；消谐器的实物如图4-81所示。

① 消除或阻尼电压互感器非线性励磁特性而引起的铁磁谐振过电压，这种谐振过电压会导致系统相电压不稳定；

② 消谐器能有效地抑制间隙性弧光接地时流过电压互感器绕组的过电流，防止电压互感器的烧毁；

③ 限制系统单相接地消失时在电压互感器一次绕组回路中产生的涌流，这种涌流会损坏电压互感器或使电压互感器熔丝熔断；

④ 当系统发生单相接地后可较长时间地保护电压互感器免受损坏。

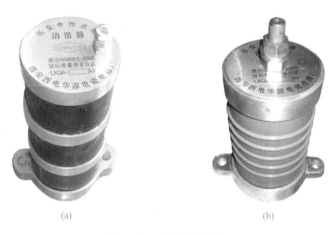

(a)   (b)

图4-81 消谐器的实物

二、谐振过电压的危害

谐振过电压是一种对电力系统有破坏作用的过电压现象，会造成以下危害：

① 导致系统相电压不稳定；

② 消谐器能有效地抑制间隙性弧光接地时流过电压互感器绕组的过电流，防止电压互感器的烧毁；

③ 限制系统单相接地故障消失时在电压互感器一次绕组回路中产生的涌流，这种涌流会损坏电压互感器或使电压互感器熔丝熔断；

④ 当系统发生单相接地后可较长时间保护电压互感器免受损坏。

对于电磁式电压互感器，当母线空载或出线较少时，因合闸充电或在运行时接地故障消除等原因的激发下，会使电压互感器过饱和，则可能产生铁磁谐振过电压，出现相对地电压不稳定、接地指示误动作、PT高压保险丝熔断等异常现象，严重时会导致电压互感器烧毁，继而引发其他事故。

如果6～35kV电网中性点不接地，母线上接线的电压互感器一次绕组将成为该电网对地唯一的金属性通道。单相接地或消失时，电网对地电容通过电压互感器一次绕组有一个充放电的过渡过程。此时会有幅值达数安培的工频半波涌流通过电压互感器，此电流有可能将电压互感器高压熔丝（0.5A）熔断。而安装了消谐装置后，这种涌流将得到有效抑制，高压熔丝不再因为这种涌流而熔断。

三、消谐装置的安装方法

消谐装置不分正负极性，一般垂直安装，也可以水平安装，消谐装置的本体必须安装在电压互感器中性点与地之间，下端固定接地，上端接中性点，如图4-82所示。可以直接固定在电压互感器本体的螺杆上，也在以固定在电压互感器附近的支架上，若安装在电压互感器柜内，消谐装置本体与周围接地体的距离应大于5cm。消谐装置上端与压变中性点采用绝缘导线连接。

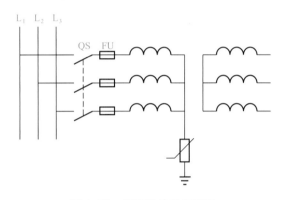

图4-82 消谐器接线原理图

消谐装置测量：可用1000V兆欧表测消谐器的绝缘电阻电阻，一般约为0.5MΩ，即可安装。

附：常用的高压电器图形符号

序号	图形符号	名称	说明
1		变压器	三相绕组变压器，一次绕组和二次绕组都是星形接法，二次绕组有中性点引出，一般用于油浸式变压器
2		变压器	三相绕组变压器，一次绕组三角形接法，二次绕组星形连接有中性点引出，一般用于干式变压器
3		电压互感器	两台单相电压互感器V/V接线
4		电压互感器	三相五柱式电压互感器
5		电流互感器	在一个铁芯上具有两个二次绕组的电流互感器
6		断路器	能够分断事故电流的开关
7		隔离开关	有明显的断开点，不允许带负荷操作的刀闸
8		负荷开关	可以分、合正常负荷电流，不能切断事故电流开关
9		跌开式熔断器	熔丝熔断后有明显的断开点的熔断器
10		避雷器	防止雷电入浸过电压
11		带电指示器	用于指示线路是否有电的装置
12		隔离插头、座	表示移开式开关柜的手车
13		电缆终端头	
14		熔断器	

第五章 继电保护电路

第一节　继电保护的基本知识

一、继电保护装置的定义

在低压配电系统中，熔断器、自动开关内的电磁脱扣器作为短路保护元件；热继电器、自动开关内的热脱扣器作为过负荷元件；漏电开关作为漏电保护元件；断相继电器作为缺相保护元件。这些元件均有一个共同的特点，就是在正常情况下，均流过被保护元件的负荷电流，监视被保护元件的运行状态。当发生不正常情况或短路事故时，保护元件动作，切断故障电路。

在电力系统发电、输电、高压变配电系统中，随着电压的升高、电气元件的增多、系统容量的增大以及接线的日趋复杂，简单的保护元件已无法满足快速、准确、有选择地切除故障的要求。所以作用于断路器跳闸机构的继电保护装置获得了广泛的应用。

二、继电保护装置的主要任务

继电保护是保护被保护元件的装置，其主要任务如下：

① 在正常运行情况下，继电保护通过高压测量元件（电流互感器、电压互感器等变换元件）接入电路，流过被保护元件的负荷电流，监视发电、输电、变电、配电、用电等环节电气元件的正常运行。

② 当电力系统发生各种不正常的运行方式时，如中性点不接地系统发生单相接地故障、变压器过负荷、轻瓦斯动作、油面下降、温度升高、电力系统振荡、非同期运行等，继电保护应可靠动作，瞬时或延时发出预告信号，告诉值班人员尽快处理。

③ 当电力系统发生各种故障时，如电力系统单相接地短路、两相短路、三相短路；设备线圈内部发生匝间、层间短路等，继电保护应可靠动作，使故障元件的断路器跳闸，切除故障点，防止事故扩大，确保非故障部分继续运行。

④ 为使故障切除后，被切除部分尽快投入运行，可借助继电保护和自动装置来实

现自动重合闸、备用电源自动投入和按周波自动减负荷。

⑤继电保护装置可实现电力系统的遥讯、遥测、遥控等。

三、对继电保护装置的基本要求

电力系统发生各种短路故障时，所引起的后果相当严重。短路电流的瞬时冲击值会产生一个很大的电动力，使电气设备遭受机械力的破坏；短路引起的电弧及短路电流的热效应，使电气设备绝缘损坏；短路时，系统电压急剧下降，使用户的正常用电遭受破坏，造成停产停电；在电力系统关键部位发生短路时，若处理不及时，会使整个电力系统解列，系统瓦解。为保证电力系统的安全运行，使电气元件免遭破坏，对动作于断路器跳闸的继电保护提出如下要求。

（1）要具有选择性 当电力系统发生事故时，继电保护装置应能迅速将故障设备切除（断开距离事故点最近的断路设备），从而保证电力系统的其他部分正常运行。为了保证继电保护装置的动作有选择性，上、下两级保护在整定值上要进行配合。

例如：同一个系统的上级断路器保护整定值除比下级断路器保护的整定值大1.1倍以上外，在动作时限上还应有一个时间级差，通常取0.5～0.7s。

（2）要具有快速性 故障的快速切除可以缩小事故范围，减轻事故的影响。因此一般要求继电保护装置应快速动作。在某些情况下，快速动作与选择性的要求是矛盾的。这时，为了使继电保护装置具有选择性，继电保护的动作必须具有时限。

此外，有些作为反映电力系统不正常工作状态的保护装置，也不要求快速动作，例如过负荷保护等都是具有较长动作时限的。

（3）要具有灵敏性 指在保护装置的保护范围内，对发生事故和不正常运行方式的反应能力。各种类型保护装置的灵敏性可用灵敏度（或灵敏系数）来衡量。以过电流保护为例：

$$灵敏度系数 = \frac{保护区域末端的短路电流}{一次则动作电流}$$

（4）要具有可靠性 继电保护装置应经常地处于准备动作状态。在电力系统发生事故时，相应的保护装置应可靠动作，不应拒动。在电力系统正常运行情况下也不应误动，以免造成用户不必要的停电。为了使保护装置动作可靠，除正确地选用保护方案、正确计算整定值以及选用质量好的继电器等电气元件外，还应对继电保护装置进行定期校验和维护，加强对继电保护装置的运行管理工作。

四、10kV配电系统常用继电保护的种类

10kV配电系统常用的继电保护主要有以下几类。

（1）电流速断保护 电力系统的发电机、变压器和线路等电气元件发生故障时，将产生很大的短路电流。故障点距离电源越近，则短路电流越大。为此，可以利用电流大于电流继电器的最大整定值时，保护装置动作，使断路器跳闸，将故障段切除。

（2）过电流保护 过电流保护一般是按避开最大负荷电流来整定的。为了使上、下

级过流保护有选择性，在时限上也应相差一个级差。而电流速断保护是按被保护设备的短路电流来整定的，因此一般它没有时限。两者常配合使用作为设备的主保护和后备保护。

（3）瓦斯（气体）保护 瓦斯继电器接在变压器油箱与油枕之间，如图5-1所示为瓦斯继电器的实物图，如图5-2所示为瓦斯继电器的构造图。瓦斯保护是针对油浸式变压器内部故障的一种保护装置，当变压器内发生故障时，故障点局部发生高热，引起附近变压器油的膨胀，分解出大量气体迫使瓦斯继电器动作。

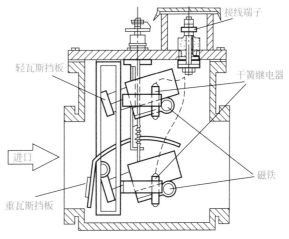

图5-1 瓦斯继电器的实物图　　　　图5-2 瓦斯继电器的构造图

当发出轻瓦斯信号时，值班员应立即对变压器及瓦斯继电器进行检查，注意电压、电流、温度及声音的变化，同时迅速收集气体做点燃试验。如果气体可燃，说明内部有故障，应及时分析故障原因，如气体不可燃，应对气体及变压器油进行化学分析以做出正确判断。

重瓦斯动作（瓦斯动作掉闸）后，值班员在未判明故障性质以前，变压器不得投入运行。重瓦斯如接信号时，则应根据当时变压器声响、气味、喷油、冒烟、油温急剧上升等异常情况，证明其内部确有故障时，立即将变压器停止运行。

（4）单相接地（零序）保护 零序保护是针对10kV中性点经低电阻接地系统而采用的一种高压对地绝缘监视的保护装置。

零序电流保护是让三相导线一起穿过一个零序电流互感器，如图5-3所示。零序电流保护的基本原理是基于基尔霍夫电流定律：流入电路中任一节点的复电流的代数和等于零。在线路与电气设备正常的情况下，各相电流的矢量和等于零，因此，零序电流互感器的二次侧绕组无信号输出，执行元件不动作。当发生接地故障时的各相电流的矢量和不为零时，故障电流使零序电流互感器的环形铁芯中产生磁通，零序电流互感器的二次侧感应电压使执行元件动作，带动脱扣装置，切换供电网络，达到接地故障保护的目的。

（5）温度保护 变压器的温度计是一种电接点温度计，如图5-4所示，直接监视变压器

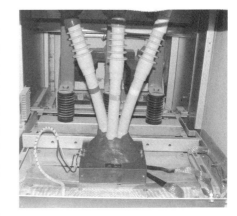

图5-3 零序电流互感器安装

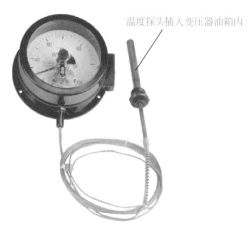

温度探头插入变压器油箱内

图5-4　电接点温度控制计

上层油温并可以发出控制信号，一般变压器上层油温比中、下层油温高，因此，通过监视上层油温来控制变压器绕组的最高点温度。按A级绝缘考虑，由于绕组平均温度比油温高10℃，因此一般规定上层油温不允许超过95℃，这样绕组的最高温度不会超过105℃，这与A级绝缘的允许温度是一致的。变压器绕组的最高允许温度为105℃，并不是说绕组可以长期处在这个温度下运行。如果连续在这个温度下运行，绝缘会很快老化，寿命将大大降低。根据试验，如绕组的运行温度保持在95℃时，使用寿命为20年；温度为105℃时，使用寿命为7年；温度为120℃时，使用寿命为2年。可见变压器的使用年限主要取决于绕组的运行温度。

监视变压器上层油温，也就是监视变压器绕组的绝缘温度，因此保证变压器绕组温度不超过允许值，也就保证了变压器一定的使用寿命。

（6）过负荷保护　过负荷保护是监视变压器运行状态，保证变压器在正常负荷范围内运行，当负荷大于规定值时，继电保护装置发出报警信号，提示值班人员应加强巡视并采取措施降低变压器负荷，以保证安全运行。

（7）柜闭锁　柜闭锁电路是保证断路器在运行位置、试验位置时，开关柜的其他门和变压器门是不可以打开的，以防发生危险，柜闭锁是装在门内的限位开关，门关闭良好时开关压下，接点断开，当门打开时限位接通发出跳闸命令。

五、继电保护的跳闸指令

不是所有继电保护都发出跳闸指令的，只有电流速断保护、过电流保护、单相接地保护、重瓦斯保护发出跳闸指令，而轻瓦斯保护、过负荷保护、温度保护只发出报警信号。

六、继电保护的整定值及整定原则

继电保护的整定工作应由供电部分的专职人员负责，用电单位不可随意改动继电保护的整定值。运行值班人员必须熟悉本单位继电保护装置的种类、工作原理、保护特性、保护范围、整定值。

电流速断保护的整定原则：其整定电流应躲过变压器低压侧母线的最大短路电流。

过电流保护的整定原则：整定电流应躲过线路的最大负荷电流。线路最大负荷电流即线路全部的负荷电流加上最大设备的启动电流。

七、继电保护的范围

过流保护的范围：过流保护作为被保护线路主保护的后备保护，能保护线路的全长，还应作为下一级相邻线路保护的后备保护。作为配电变压器过流保护主要是保护变压器的低压侧。

速断保护的保护范围：电流速断保护作为变压器的主保护，以无时限动作，切除故障点，减少了事故持续时间，防止了事故扩大。为了实现保护的选择性，电流速断保护不能保护变压器的全部，只能保护变压器一次侧高压设备。电流速断保护对被保护元件有保护死区。

八、根据继电保护动作判断故障原因

可以根据继电保护的整定原则和保护范围来确定故障点。

变压器速断保护动作：断路器掉闸，根据速断保护的整定原则和保护范围分析判断，表明故障出在变压器的高压侧，高压侧有短路故障。

变压器过流保护动作：断路器掉闸，根据过流保护的整定原则和保护范围分析判断，表明故障有可能出在变压器的低压侧，低压侧有短路故障。

变压器瓦斯保护动作：表明故障点在变压器的内部。若轻瓦斯保护动作，说明变压器内部发生轻微故障；若重瓦斯保护动作，断路器跳闸，说明变压器内部发生严重故障。

零序保护动作：表明系统发生了高压一相对地绝缘损坏。

确属变压器高压侧或变压器故障的，应立即报告供电局用电监察部门。

在未查明故障原因，并未消除故障前，不允许给变压器送电。

九、继电保护的维护

继电保护的校验和检查工作主要是由供电专业人员负责。用电单位要保证继电保护的二次回路完好，可选用1000V的兆欧表，摇测二次回路的绝缘电阻。交流二次回路中每一个电气连接回路，绝缘电阻不低于1MΩ；全部直流回路，绝缘电阻不低于0.5MΩ。

在摇测二次回路绝缘电阻时，应注意尽量减少拆线数量，但电源和地线必须断开。

定期巡视检查继电保护装置有无下列异常：

① 各类继电器外壳有无破损，应清洁无油垢；

② 各类继电器的整定值的指示位置是否正确，有无变动；

③ 继电器接点有无卡住、变位、倾斜、烧伤，脱轴，脱焊等；

④ 感应型继电器圆盘转动是否正常，机械掉牌位置是否与运行状态相符合；

⑤ 长期带电的继电器接点有无大的抖动、磨损，声音是否正常；

⑥ 长期带电、具有附加电阻的继电器，线圈和电阻有无过热现象；

⑦ 保护压板、切换片及转换开关位置是否与运行位置相符合；

⑧ 各种运行信号指示、光字牌、信号继电器、位置指示信号、预告、事故声响信号是否正常；

⑨ 检查交流和直流操作电源、控制电源是否正常，直流母线电压是否正常，有无直流一极接地现象；

⑩ 分、合闸回路是否完好，分、合闸线圈有无过热、短路现象，分、合闸线圈的铁芯是否变位。

第二节　10kV 系统常用的保护继电器

继电器是构成继电保护的最基本元件，10kV 变、配电所常用的保护继电器的种类繁多，按照不同的分类方法可分成许多类别。主要有电流继电器、电压继电器、时间继电器、中间继电器、信号继电器、瓦斯继电器、综合保护装置等。下面将一一的介绍它们的使用。

一、GL 型过电流继电器

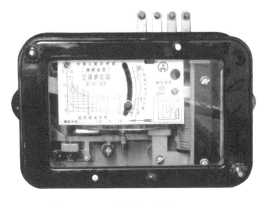

图 5-5　GL 型过电流继电器外形

GL 型过电流继电器（图 5-5）是利用电磁感应原理工作的，主要由圆盘感应部分和电磁瞬动部分构成，由于继电器既有感应原理构成的反时限特性部分，又有电磁式瞬动部分，所以又称为有限反时限电流继电器，具有速断保护和过流保护的功能，这种继电器是以反时限保护特性为主，GL 系列过电流继电器的外形及构造如图 5-6 所示，GL 型过电流继电器的辅助接点动作特点是常开接点先闭合、常闭接点后断开，以保证在过流保护电流中不会应接点切换造成电流互感器二次开路的事故。接点动作如图 5-7 所示。

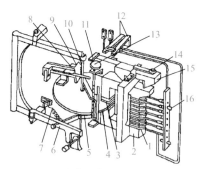

图 5-6　GL 系列过电流继电器的外形及构造

1—线圈；2—电磁铁；3—短路环；4—铝盘；5—钢片；
6—铝框架；7—调节弹簧；8—制动永久磁铁；9—扇形齿轮；
10—蜗杆；11—扁杆；12—继电器触点；13—时限调节螺杆；
14—继电器电流调节螺杆；15—衔铁；16—动作电流调节插销

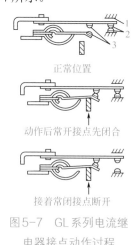

正常位置

动作后常开接点先闭合

接着常闭接点断开

图 5-7　GL 系列电流继电器接点动作过程

1—上止挡；2—常闭接点；
3—常开接点

二、DL型电流继电器

电流继电器是继电保护电路中重要的电器元件，在继电保护装置中为电路的启动元件，电流继电器的文字符号为KA，变配电系统常用电流继电器有DL系列。如图5-8所示是DL型电流继电器外形和图形符号，如图5-9所示为DL系列电流继电器内部接线图。

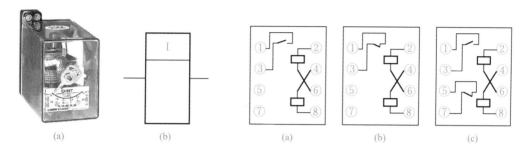

图5-8　DL型电流继电器外形和图形符号　　　图5-9　DL系列电流继电器内部接线图

DL型电流电器有两个电流线圈，利用连接片可以接成串联或并联，当由串联改为并联时，动作电流增大一倍。动作电流的调整分为粗调和细条，粗调是靠改变两个线圈的串并连接，细调是靠改变螺旋弹簧的松紧力，DL型电流继电器构造如图5-10所示。

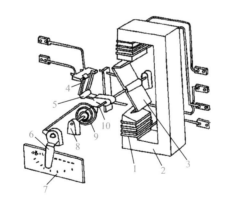

图5-10　DL型电流电器构造图

1—线圈；2—电磁铁；3—钢舌片；4—静触点；5—动触点；6—启动电流调节螺杆；

7—标度盘（铭牌）；8—轴承；9—反作用弹簧；10—轴

三、信号继电器

信号继电器在继电保护之中用来发出指示信号，因此又称指示继电器，信号继电器的文字符号为KS。10kV系统中常用的DX型、JX电磁式信号继电器，有电流型和电压型两种。电流型信号继电器的线圈为电流线圈，阻抗小，串连接在二次回路内，不影响其他元件的动作；电压型信号继电器的线圈为电压线圈，阻抗大，必须并联使用。信号继电器外形如图5-11所示。

(a) DX型信号继电器　　　　　　　　(b) JX型信号继电器

图5-11　信号继电器外形

DX系列信号继电器在继电保护装置中主要有两个作用：一是机械记忆作用，当继电器动作后，信号掉牌落下，用来判断故障的性质和种类，信号掉牌为手动复位式；二是继电器动作后，信号接点闭合，发出事故、预告或灯光信号，告诉值班人员，尽快处理事故。

DX-11型信号继电器的内部接线如图5-12所示，图形符号为GB 4728规定的机械保持继电器线圈符号，其触点上的附加符号表示非自动复位触点。信号继电器的构造图如图5-13所示。

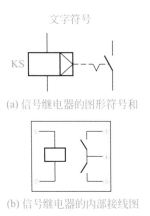

文字符号

KS

(a) 信号继电器的图形符号和

(b) 信号继电器的内部接线图

图5-12　DX-11型信号继电器的内部接线

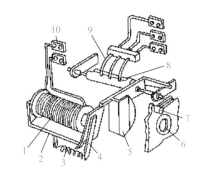

图5-13　信号继电器构造图

1—线圈；2—电磁铁；3—弹簧；4—衔铁；
5—信号牌；6—玻璃窗口；7—复位旋钮；
8—动触点；9—静触点；10—接线端子

四、电磁型DZ系列交直流中间继电器

这种继电器是继电保护中起到辅助和操作作用的继电器，也称为辅助继电器，起到增加接点容量和数量的作用，它是一种执行元件。它通常用在保护装置的出口回路中接通断路器的跳闸回路，也称为出口（发出控制指令）继电器。

应用的型号比较多，接点的数量也比较多，有常开和常闭接点，继电器的额定电压应与操作电源的额定电压一致，常用的中间继电器外形如图5-14所示，中间继电器的图形符号和内部接线如图5-15所示。

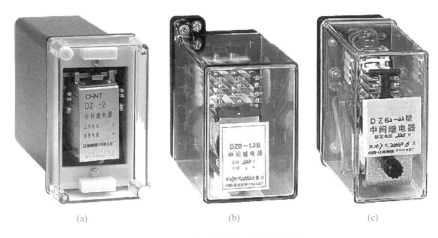

图5-14　常用的中间继电器外形

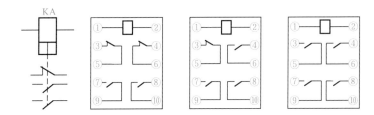

图5-15　中间继电器的图形符号和内部接线

变配电系统中常用的**DZ**系列中间继电器的基本结构如图5-16所示，它一般采用吸引衔铁式结构，当线圈通电时，衔铁被快速吸合，常闭触点断开，常开触点闭合。当线圈断电时，衔铁又被快速释放，触点全部返回起始位置。其内部接线和图形符号如下图所示，其中线圈符号为GB 4728规定的快吸和快放线圈。

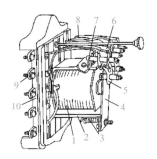

图5-16　变配电系统中常用的DZ系列中间继电器的基本结构

1—线圈；2—电磁铁；3—弹簧；4—衔铁；5—动触点；

6,7—静触点；8—连接线；9—接线端子；10—底座

五、DS型时间继电器

电磁型时间继电器在继电保护装置中是用来使保护装置获得所需的延时（时限）的元件，可根据整定值的要求进行调整，是过电流和过负荷保护中的重要组成部分。

继电保护常用的时间继电器如图5-17所示。

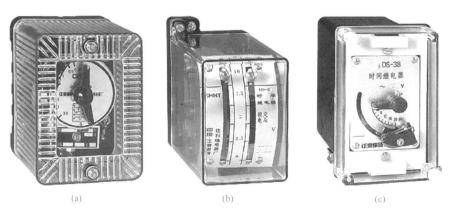

(a)   (b)   (c)

图5-17 继电保护常用的时间继电器

时间继电器的图形及文字符号如图5-18和图5-19所示。

图5-18 通电延时的线圈及延时闭合触点   图5-19 断电延时的线圈及延时断开触点

DS型时间继电器内部接线图如图5-20所示。

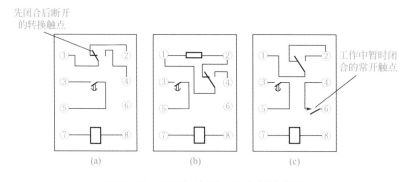

(a)   (b)   (c)

图5-20 DS型时间继电器内部接线图

DS系列时间继电器有交流、直流之分。DS-110系列用于直流操作继电保护回路，DS-120系列用于交流操作继电保护回路，该继电器的接点容量较大，可直接接于跳闸回路。

六、电压继电器

电压继电器是继电保护电路中重要的电器元件，在继电保护装置中是一种过电压和低电压及零序电压保护的重要继电器，电压继电器的文字符号为KA，变配电系统常用电流继电器有DJ系列。

常用的电压继电器外形如图5-21所示，电压继电器的文字符号为KA。

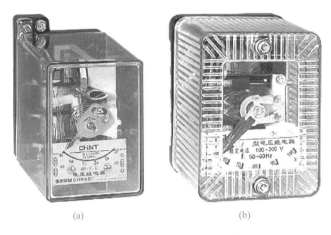

(a)   (b)

图5-21　常用的电压继电器外形

DJ系列电压继电器的内部接线图如图5-22所示。

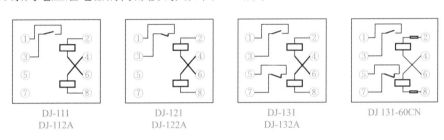

DJ-111　　　　　　DJ-121　　　　　　DJ-131　　　　　DJ 131-60CN
DJ-112A　　　　　DJ-122A　　　　　DJ-132A

图5-22　DJ系列电压继电器的内部接线图

DJ型电压继电器有两个电压线圈，利用连接片可以接成串联或并联，当由并联改为串联时，动作电压提高一倍。动作电压的调整分为粗调和细调，粗调是靠改变两个线圈的串并连接，细调是靠改变螺旋弹簧的松紧力。

DJ系列电压继电器分为过电压继电器和低电压继电器。

DJ-111、DJ-121、DJ-131为过电压继电器。

DJ-112A、DJ-122A、DJ-132A为低电压继电器。

DJ-131-60CN为过电压继电器，每个线圈上串一个电阻，一般接于三相五柱电压互感器开口三角形中，作为绝缘监视用，反映接地时系统的零序电压。

七、DZB系列保持中间继电器

DZB继电器（图5-23）是一种具有自保持绕组功能的特殊继电器，主要用于直流操作的继电保护回路系统中的防跳跃保护电路，与其他的继电器不同，DZB继电器有两种功能线圈，即电压线圈和电流线圈，接线图如图5-24所示，电压线圈有24L、48L、110L、220V四个电压等级，电流线圈有0.5A、1A、2A、4A、8A等级，DZB-115型保持继电器是电流线圈工作电压线圈保持型，CZB-127保持继电器是有一个电压线圈工作两个电流线圈保持型，具体的工作过程见十、十一、十二节继电保护电路。

图5-23　DZB继电器

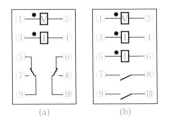

图5-24　DZB接线图

八、过电流综合保护器

　　过电流综合保护器与传统继电保护电路相比，具有接线简单、保护功能多、灵敏度高等特点，是一种具有保护、测量、控制、监视、通信以及电能质量分析为一体的综合保护器，可以设定成为不同用途的综合保护装置，应用于输变电架空线路、地下电缆、配电变压器、高压电机、电力电容器等不同回路的保护监视。

　　目前广泛使用的主要有ABB的（SPAJ 140C）、施耐德的SEPAM-1000、芬兰瓦萨的VAMP40、Mpac-3、国产NAS-9210等。

综合保护继电器的名词解释。

　　（1）电流保护一般分为三段

　　① 过流保护I＞　一般指电路中的电流超过额定电流值后，断开断路器进行保护。分为：定时限过电流保护，是指保护装置的动作时间不随短路电流的大小而变化的保护；反时限过电流保护，是指保护装置的动作时间随短路电流的增大而自动减小的保护。

　　② 延时速断I＞＞　为了弥补瞬时速断保护不能保护线路全长的缺点，常采用略带时限的速断保护，即延时速断保护。这种保护一般与瞬时速断保护配合使用，其特点与定时限过电流保护装置基本相同，所不同的是其动作时间比定时限过电流保护的整定时间短。

　　③ 速断保护I＞＞＞　速断保护是电力设备的主保护，动作电流为最大短路电流的K倍（无选择性的瞬时跳闸保护）。

　　（2）重合闸保护　用于线路发生瞬态故障保护动作后，故障马上消失的再一次合闸，也可以二次（或三次）用在线路上，出现永久性故障则不能重合闸，重合闸不能用在终端变压器或电动机上。

　　（3）后加速　指重合闸后加速保护。重合于故障线路上的一种无选择性的瞬时跳闸保护。

（4）前加速 指重合闸前加速保护。

（5）低周减载保护 一般指线路发生故障后，频率下降时的一种保护。

（6）差动保护 一种变压器和电动机的保护（利用前后级的电流差进行保护）。

（7）非电量保护 一般指变压器温度（高温警告，超高温跳闸）、瓦斯（轻瓦斯警告，重瓦斯跳闸）、变压器门误动作等外部因素的保护。

（8）方向保护 一般指用于发电机组并列运行，对两个不同方向电流差别的一种保护。

（9）低电流保护 采用定时限电流保护，欠电流功能用于检测负荷丢失，如排水泵或传输带。

（10）负序电流保护 任何不平衡的故障状态都会产生一定幅值的负序电流。因此，相间负序过电流保护元件能动作于相间故障和接地故障。

（11）热过负荷保护 根据正序电流和负序电流计算出等效电流，从而获得两者的热效应电流。

（12）接地电流保护 是三相电流不平衡的一种保护，通常称零序保护。

（13）低电压保护 利用相电压或线电压的定值，当线路发生故障时，电压低于这个定值的一种保护。

（14）过电压保护 利用相电压或线电压的定值，当线路在减少负荷的情况下，供电电压的幅度会增大，使系统出现过电压的一种保护。

（15）零序电压保护 电压不平衡的一种保护。

（16）不平衡保护 有电流不平衡保护和电压不平衡保护两种，当线路发生故障后，是用不断出现在线路上不平衡的电流、电压使开关跳闸的一种保护。

综合保护继电器的基本工作原理如图5-25所示。

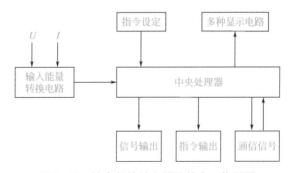

图5-25 综合保护继电器的基本工作原理

九、SPAJ140C过电流综合保护器

SPAJ140C系列相电流和中性点过电流组合式继电器，适用于大电流接地、电阻接地和中性点不接地系统中局部短路的保护，它包括带时限过电流和高定值、低定值接地故障保护。保护装置还含有一套完整的断路器失灵保护。SPAM140C型采用了最新的微处理器技术，构成了一套完整的单相、三相过流保护，带和不带方向的接地保护，零序过电压保护，单相、三相组合式过电压，低电压保护，可用作配电系统中的主保护，又可作为主保护的后备。该系列馈线终端集保护、控制和测量功能于一身，适用于

配电、变电站馈线开关屏的保护和控制，同时也负责开关柜与控制室之间的联系工作。SPAJ140C过电流综合保护器面板功能解释如图5-26所示。

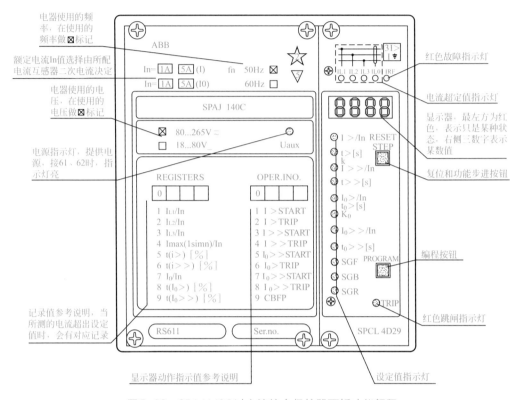

图5-26　SPAJ140C过电流综合保护器面板功能解释

1.SPAJ140C过电流综合保护器各指示灯的含义

TRIP指示灯：当保护元件动作时，其跳闸动作指示灯TRIP会亮，当该保护元件恢复后，红色指示器仍保持亮着，必须按复位/步进按钮来恢复。

SGF、SGB、SGR三个指示灯为三组开关的指示灯，它用于定值校验和内部数字逻辑开关的状态。复位键是用于保护动作后的复位，同时还兼作保护器资料读取的步进开关。

IRF灯：当保护器检测到自身有异常或故障时，此灯亮并在数码管有相应的异常码显示。

Uaux运行状态灯：正常运行而且无操作或过流动作时，整个保护器只有绿色电源指示灯（Uaux）亮。

2.SPAJ140C过电流综合保护器显示器动作指示值参考说明

当某一保护功能动作时，显示器数码管 最左边的红色数字亮，表示某种保护功能已经开始动作，显示的数字编码含义说明见表5-1。

表5-1　显示的数字编码含义说明

显示的数字	设定值符号	动作说明
1	$I > \text{START}$	低定值过流元件 $I>$ 已启动
2	$I > \text{TRIP}$	低定值过流元件 $I>$ 已发出跳闸信号
3	$I >> \text{START}$	高定值过流元件 $I>>$ 已启动
4	$I >> \text{TRIP}$	高定值过流元件 $I>>$ 已发出跳闸信号
5	$I_0 > \text{START}$	零序保护低定值元件 $I_0>$ 已启动
6	$I_0 > \text{TRIP}$	零序保护低定值元件 $I_0>$ 已发出跳闸信号
7	$I_0 >> \text{START}$	零序保护高定值元件 $I_0>>$ 已启动
8	$I_0 >> \text{TRIP}$	零序保护高定值元件 $I_0>>$ 已发出跳闸信号
9	CBFP	断路器失灵保护已动作

一次电流的读取

可反复按动 RESET STEP 键，当相应的电流输入时灯亮，根据显示数字可计算出此相电流，如图5-27所示。

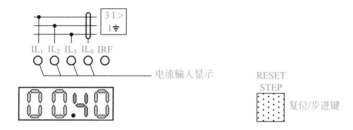

图5-27　一次电流读取

例：当 IL_1 的灯亮时，面板上的显示器所显示的电流值为流入综合保护器的CT二次电流，此时若使用1、2脚接线，表示电流基准额定值 I_n 为5A，其所对应的一次电流则为显示器显示数乘以电流基准额定值 I_n，再乘以CT电流比，等于一次电流。

$$\text{一次电流} = \text{显示数} \times I_n \times \text{CT比}$$

例如：电流互感器为200/5，显示数字为0.4，一次电流是多少？

一次电流＝（显示数次）$0.4 \times$（I_n）$5 \times$（CT比）$40 = 80$（A）

CT二次电流＝（显示数次）$0.4 \times$（I_n）$5 = 2$（A）

3. 采用SPCL140C过电流综合保护器继电保护电路电流输入电路

采用过电流综合保护器作为配电设备继电保护装置时，电流线路的接线要比传统线路简单，只需将电流互感器二次直接接到过流综合保护器的接线端即可，如图5-28所示。

当电流互感器二次电流 $I_n = 5A$ 时，LAa接1、2端，LAb接4、5端，LAc接7、8端，LAn接25、26端。

当电流互感器二次电流 $I_n = 1A$ 时，LAa接1、3端，LAb接4、6端，LAc接7、9端，LAn接25、27端。

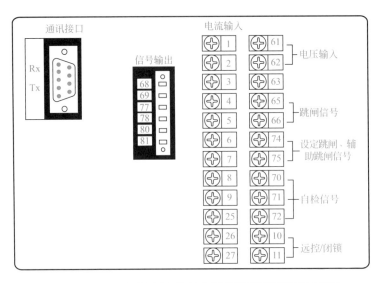

图5-28　SPCL140C过电流综合保护器面背板接线示意图

十、施奈德SEPAM综合保护继电器

施奈德SEPAM系列综合保护继电器适用于作为大电流接地、电阻接地和中性点不接地系统中局部短路的保护，它包括带时限过电流和高定值、低定值接地故障保护。保护装置还含有一套完整的断路器失灵保护。施奈德SEPAM采用了最新的PLC可编程序控制器微处理器技术，构成了一套完整的单相、三相过流保护，带和不带方向的接地保护，零序过电压保护，单相、三相组合式过电压、欠电压保护，可用作配电系统中的主保护，也可作为主保护的后备。该系列馈线终端集保护、控制和测量功能于一身，适用于配电、变电站馈线开关屏的保护和控制，同时也负责开关柜与控制室之间的联系工作。SEPAM-1000综合保护继电器面板功能如图5-29所示。

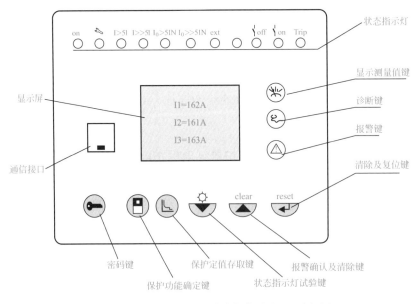

图5-29　SEPAM-1000综合保护继电器面板功能

1. 状态显示灯

on 指示灯：绿色，表示综合保护器通电。

🖊 指示灯：红色，表示设备不可使用、正在初始化状态或检测到内部有故障。

$I > 51$ 指示灯：黄色，表示相电流低定值跳闸。

$I >> 51$ 指示灯：黄色，表示相电流高定值跳闸。

$I_0 > 51n$ 指示灯：黄色，表示接地故障低定值跳闸。

$I_0 >> 51n$ 指示灯：黄色，表示接地故障高定值跳闸。

$\backslash_{off}$指示灯：黄色，表示断路器处于分闸状态。

$\backslash_{on}$指示灯：黄色，表示断路器处于合闸状态。

Trip 指示灯：黄色，表示断路器处于保护跳闸状态。

2. 功能键的应用

㊣ 测量值读取键：按动此键可依次读取监测电路的各项电流值。

㊣ 诊断键：按动此键可读取跳闸时的电流值及附加测量值。

△ 报警键：当出现系统报警时，按动此键可显示报警信息。

reset
↵ 复位键：信号灯熄灭、故障排除后对综合保护器功能复位。

clear
▲ 报警确认及清除键：出现报警时按动此键可显示报警前的各种信息（平均电流、峰值电流、运行时间和报警复位）。

☼
▽ 状态指示灯试验键：按住5s，将依次检验并点亮状态指示灯。

㊣ 保护定值存取键：在设定时使用，可显示、整定以及允许/禁止保护功能。

㊣ 保护功能确定键：在设定时使用，用以输入保护器的常规参数的整定（语言、频率、输入电流及功能模块）。

㊣ 密码键：在保护整定、参数设定时使用。

3.SEPAM综合保护继电器背板接线（图5-30）

SEPAM综合保护继电器的接线是由多种功能插接件组成的：Ⓐ为基本功能插件，有电源输入、继电器控制接点输出、继电保护指令输出；Ⓑ为电流输入模块，与电流互感器二次连接；Ⓜ、Ⓚ为多动能功能输入模块插件；Ⓛ为多功能输出模块。

十一、Mpac-3可编程序综合保护装置

Mpac-3可编程序综合保护装置具有PLC逻辑可编程功能，可将变、配电站自动化系统所需要的自动化功能和逻辑控制功能集成到一个装置中，具有保护、测量、控能和状态监视功能，可以设定成为不同用途的综合保护装置，适用于35kV及以下电压等级保护监视。丰富的通信接口，可对装置进行参数设定、运程监视控制。Mpac-3面板功能如图5-31所示。

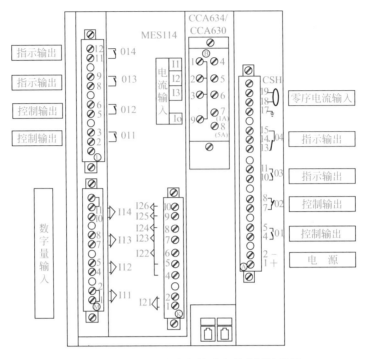

图5-30　SEPAM综合保护继电器背板接线图

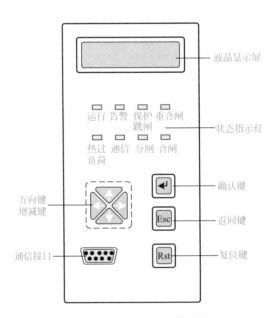

图5-31　Mpac-3面板功能

Mpac-3可编程序综合保护装置具有丰富的测量和保护功能，能够对线路进行三相相（线）电压、零序电压、电压平均值、三相相电流、零序电流、电流平均值、三相功率因数、平均功率因数、有功电能、无功电能、频率进行精确的测量和计量保护。

1.液晶显示屏

可以显示4行英文或2行中文字符，显示测量、计量、开关状态、定值设定、通信设定、时间设定等界面。

2.状态指示灯

运行指示灯：绿色，可编程序综合保护装置正常运行时闪烁。

告警指示灯：黄色，有告警信号输出时闪烁，同时显示屏显示故障代码。

保护跳闸指示灯：红色，发出跳闸输出时长亮。

热过负荷指示灯：黄色，出现异常运行时闪烁。

通讯指示灯：绿色，通信接口工作时闪烁。

分闸指示灯：绿色，断路器处于分闸状态时亮。

合闸指示灯：红色，断路器处于合闸状态时亮。

3.显示屏故障代码

50P1：瞬时速断电流保护。

50P2：限时速断电流保护。

50P3：过电流保护。

51P：反时限过流保护。

50N1：零序定时限保护。

50N：零序反时限保护。

79：重合闸动作。

59N：零序过电压保护。

60：PT断线（缺相）保护。

4.按键功能

：上下移动显示屏光标或编程时增减数值。

：左右移动光标或显示画面切换。

：确认键，对显示屏所显示的内容进行确定。

：返回/取消键，编程时返回上一级菜单/对所修改的内容不保存。

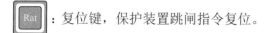：复位键，保护装置跳闸指令复位。

5.Mpac-3可编程序综合保护装置接线

Mpac-3可编程序综合保护装置有完整的接线端子，可以适用于各种保护电路和监测元件，Mpac-3可编程序综合保护装置接线端子如图5-32所示。

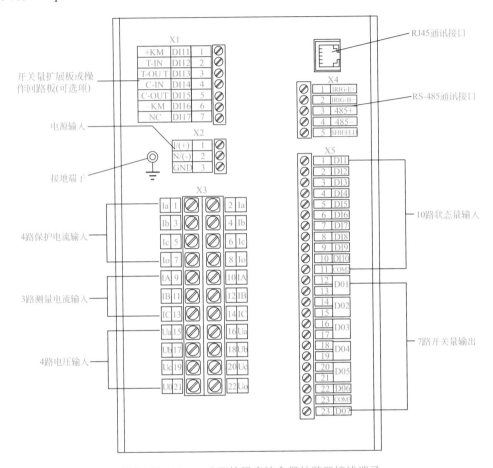

图5-32 Mpac-3可编程序综合保护装置接线端子

第三节 电流保护的几种接线方式

电流保护是变、配电设备的主要继电保护设施，电流保护的接线方式是指电流互感器与电路继电器的连接方式，不同的连接方式对系统中电流的反应各有不同，下面针对每种接线的特点介绍如下。

一、完全星形接线

完全星形接线如图5-33所示，其特点如下。

① 适用于三相三线制供电中性点不接地系统和中性点经消弧电抗器接地的三相三线供电系统或三相四线中线点直接地系统。

② 对于系统中的电路的各种电流都能反映，不会因故障相不同而变化，因此继电保护的灵敏性较高，保护接线系数等于1，对于系统中的三相、两相短路及单相对地短路等故障均能保护。

③ 此种保护使用的电流互感器和继电器数量较多，保护装置的可靠性较高。

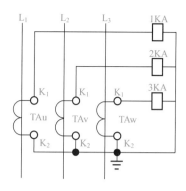

图5-33　完全星形接线

二、不完全星形接线

不完全星形接线如图5-34和图5-35所示，其特点如下。

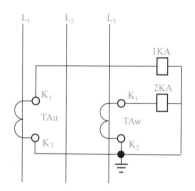

图5-34　不完全星形接线

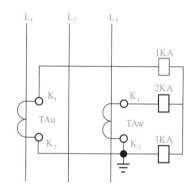

图5-35　改进后的不完全星形接线

① 这种接线适用于10kV三相三线终点不接地系统的进、出线保护。

② 这种保护特点是能反映各类型的相间短路，但不能完全反映单相接地短路，不适用于大容量变压器的保护，保护的灵敏度较低。

③ 采用这种接线电路电流互感器少，接线简单，但在同一个系统中不装设电流互感器的相应一致（一般V相不装），否则，在本系统内部发生两相接地短路故障时保护装置将拒动，而造成越级掉闸事故，延长了故障切除时间，使故障扩大。

三、两相差接线

两相差接线如图5-36所示，其特点如下。

① 这种接线是采用两个电流互感器，只用一个电流继电器的接线方式。

② 这种接线使用电器元件少，结构简单，但保护可靠性差，灵敏度不高，不适用于所有形式的短路故障保护。

③ 这种接线只适用于10kV中性点不接地系统中

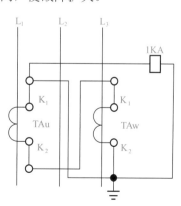

图5-36　两相差接线

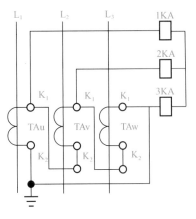

图5-37 三相三角形接线

的短路故障保护，常用与10kV系统的不重要线路和高压电动机的多相短路保护。

四、三相三角形接线

三相三角形接线如图5-37所示，其特点如下。

① 这种接线比较复杂，投资大。在中性点接地电力系统中，对于任何形式的短路故障（三相短路、二相短路及单相接地短路）都能起到保护作用。

② 在中性点不接地电力系统中，对于单相接地外的任何短路故障都能起到保护作用。

第四节　反时限过流保护电路特点

一、反时限过流保护的定义

反时限过电流保护的动作时间是一个变数，随短路电流大小而变，短路电流大，动作时间快，短路电流小，动作时间慢，表现为反时限特性。就是说继电保护的动作时间与短路电流大小有关，成反比例关系。反时限过流保护一般采用的是GL型电流继电器如图5-38所示，反时限过流保护接线原理如图5-39所示。

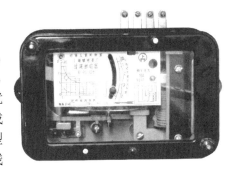

图5-38　GL型电流继电器

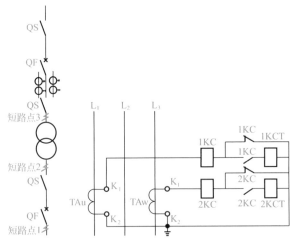

图5-39　反时限过流保护接线原理图

在正常情况下，1KC、2KC过流继电器中流过经变换的负荷电流，由于该负荷电流小于继电器的整定值，感应转盘在负荷电流作用下匀速转动，继电器不动作，其常开、常闭接点不转换，过电流脱扣器（KCT）中无电流，断路器不跳闸，这时继电保护起监视作用。

当变压器低压出线回路（短路点1）发生短路故障时，故障电流大于1KC、2KC继电器整定值，感应过流元件也启动，经过规定的时间动作，接点转换，其常开接点先闭合，接通了过电流脱扣器线圈，常闭接点后打开，去分流作用消失，使短路电流全部通过断路器的过电流脱扣器，断路器可靠掉闸。

当变压器低压母线（短路点2）发生短路故障时，1KC、2KC继电器感应过流元件启动（电磁元件不动作），经过反时限延时，接点转换，断路器跳闸。

当变压器高压侧发生（短路点3）发生短路故障时，短路电流大于电磁元件和感应元件整定值，两元件均启动，由于电磁元件动作，接点转换使断路器跳闸。

GL型过电流继电器是利用电磁感应原理工作的，主要由圆盘感应部分和电磁瞬动部分构成，由于继电器及由感应原理构成的反时限特性部分，又有电磁式瞬动部分，所以又称为有限、反时限电流继电器，具有点速断保护和过流保护的功能，这种继电器是以反时限保护特性为主，GL系列过电流继电器的构造如图5-6所示，GL型电流继电器的控制接点特征是常开先接通，常闭后断开，有效地防止因为接点切换时电流互感器二次开路，造成危害。其动作过程如图5-7所示。

第五节　电流速断保护电路特点

电流速断保护电路的特点：当线路采用定时限过电流保护时为了保证继电保护的选择性，保护动作的时限必须按阶梯原理整定；如果保护的线段较多时，靠近电源端的保护时限则太长，这时过电流保护则有缺陷，要克服这一缺点，应限制保护的动作范围，使其在保护线路外的线段发生故障时不动作，这样就可不要求在时限上配合。

为了将电流保护的范围限制在本线路，则在保护的动作电流的整定值必须大于下一级线路的首端短路时的最大短路电流。这种电流保护选择性是用增大动作电流的整定值而取得的，所以不必加时限电路，为瞬时保护，称为电流速断保护。电流速断保护电路如图5-40所示。

当线路正常运行时，电流继电器KA_1、KA_2不动作，中间继电器KM也不会得电动作。当保护线路发生短路故障时，电流互感器TA的二次电流增大，使得电流继电器KA_1、KA_2动作，电流继电器的常开接点闭合，控制电源经KA的常开接点、信号继电器KS线圈使中间继电器KM得电动作，KM辅助接点闭合，分闸线圈YR得电动作，发出跳闸信号，断路器跳闸切除故障。

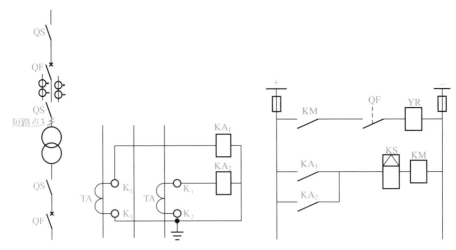

图5-40　电流速断保护电路

KA—DL型电流继电器；KS—DX型信号继电器；KM—中间继电器；YR—分闸线圈；

QF—断路器的辅助接点；TA—电流互感器

第六节　定时限速断、过流保护电路特点

一、定时限过电流保护的定义

定时限过电流保护的动作时间是一个常数，是固定不变的。不管故障电流多大，只要大于电流继电器的整定值，就以固定的整定时间来动作，表现为固定时间特性，所以称为定时限保护，就是说继电保护的动作时间与故障电流大小无关。定时限速断、过流保护接线原理图如图5-41所示。

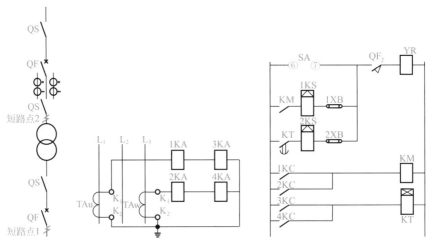

图5-41　定时限速断、过流保护接线原理图

TA—电流互感器；KA—DL型电流继电器；KS—DX型信号继电器；KM—中间继电器；

YR—分闸线圈；QF—断路器的辅助接点；KT—时间继电器；XB—跳闸压板

电流回路中，1KA、2KA为速断保护元件，有较大的整定电流。3KA、4KA为过电流保护元件，有较小的整定电流。串接于同一电流互感器回路。

在正常情况下，继电器均流过负荷电流，由于负荷电流小于速断保护元件和过电流保护元件的整定值，继电器不启动，保护不动作，断路器不跳闸。

当变压器低压出线（短路点1）发生短路故障时，3KA或4KA启动，接通时间元件KT，开始延时，延时时间到KT的延时闭合接点接通，跳闸线圈YR得电动作，断路器跳闸。

过电流保护元件动作顺序如下：3KA、（4KA）→ KT（线圈）→ KT延时闭合接点 → 2KS信号继电器 → 2XB跳闸压板 → YR跳闸线圈，变压器高压侧断路器跳闸。

当变压器高压侧（短路点2）发生短路故障时，速断保护元件1KA或2KA动作，1KA或2KA的常开接点闭合，中间继电器KM得电动作，KM的常开接点闭合，跳闸线圈YR得电动作，断路器跳闸。

速断保护元件动作顺序如下：1KA（2KA）→ KM → 1KS → 1XB → YR断路器跳闸，切除故障点。

第七节　定时限过电流综合保护电路特点

定时限综合保护电路包括速断保护、过流保护和过负荷保护电路，是电流综合保护的一种，其动作特性为定时限。主要由电流继电器KA、时间继电器KT、中间继电器KM、信号继电器KS、电流互感器TA、跳闸压板XB等组成。其电路原理图如图5-42所示。

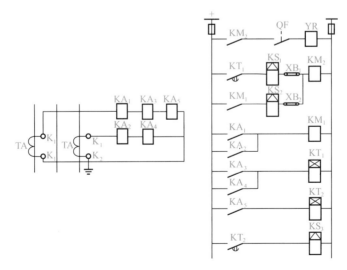

图5-42　定时限过电流保护、电流速断保护和过负荷保护综合电路原理图

KA—过电流继电器；KS—信号继电器；KM—中间继电器；KT—时间继电器；
XB—跳闸压板；YR—分闸线圈；QF—断路器辅助接点；YR—跳闸线圈

元件特点：电流继电器KA_1、KA_2定值大于KA_3、KA_4的定值，作为速断保护元件，KA_3、KA_4定值较小，用于过流保护元件，KA5的定值等于或略大于线路的额定电流，是监视负荷的元件。信号继电器KS为电流型线圈，串联在电路中，电路中有电流即可吸合动作。

速断保护的动作过程如下：当变压器高压侧发生短路时，短路电流经电流互感器流入KA_1、KA_2、KA_3、KA_4电流继电器，在短路电流值大于KA_1、KA_2电流继电器的定值时便启动。因为电流继电器的接点是并联连接，所以只要一个电流继电器的接点闭合，都可使KM_1中间继电器启动，使KM_1常开接点闭合，接通信号继电器KS_2和中间继电器KM_2。信号继电器动作发出信号报警，中间继电器KM_2动作，接通跳闸回路，使QF断路跳闸切除故障。

过流保护的动作过程如下：当变压器低压侧发生故障时，故障电流经电流互感器流入KA_1、KA_2、KA_3、KA_4电流继电器，在故障电流值大于电流继电器KA_3、KA_4的定值又小于KA_1、KA_2的定值时KA_3、KA_4便启动。因为电流继电器的接点是并联连接，所以只要一个电流继电器的接点闭合，都可使KT_1时间继电器启动，按其整定时间延时，延时的时间到其接点闭合，信号继电器KS_1及中间继电器KM_2得电。信号继电器启动发出信号报警，中间继电器KM_2动作，接通跳闸回路，使QF断路跳闸切除故障。

过负荷保护的动作如下：当变压器的负荷电流超过变压器额定电流时，电流互感器二次电流大于电流继电器KA_5定值，KA_5便启动，常开接点接通时间继电器KT_2得电延时，延时时间到，时间继电器的延时闭合接点接通，信号继电器KS_3动作发出信号报警。过负荷保护电路加装时间继电器的作用，是为了区分因启动电流太大变压器短时间超过额定电流。

第八节　低电压闭锁的过电流保护电路特点

过电流保护的动作电流是按躲过最大的负荷电流来整定的，但在某种情况下不能满足灵敏度的要求。因此，为了提高电流保护动作的灵敏度和改善躲过负荷电流的条件，采用低电压闭锁的过电流保护线路。低电压闭锁的过流保护装置，是由低电压继电器KV、中间继电器KM及信号继电器KS1构成低电压闭锁回路。由电流继电器KA、时间继电器KT和信号继电器KS_2构成过电流保护。其原理展开图如图5-43所示。

在正常情况下电压正常，无过负荷时，低电压继电器KV_1、KV_2、KV_3和电流继电器KA_1、KA_2不动作，常开接点处于断开位置，保护不起作用。若有大容量的设备启动，而启动时冲击电流时最大负荷电流超过电流继电器的整定值，这时虽然电流继电器KA动作常开接点接通，但由于母线上的电压不会明显下降，所以低电压继电器的接点不会闭合，中间继电器KM也不会动作，因此也不会启动过电流时限保护KT，保护出口KS_2无动作信号，保护不动作，断路器不会跳闸。

当被保护的线路发生短路故障产生大电流时，由于母线上电压急剧下降，使低电压继电器KV_1、KV_2、KV_3动作接点闭合，中间继电器KM动作接点闭合，并且电流继电器KA_1、KA_2动作接点闭合，经过一定时限后时间继电器KT的延时闭合接点接通，使得分闸线圈YR得电动作，将断路器QF跳闸切除故障。

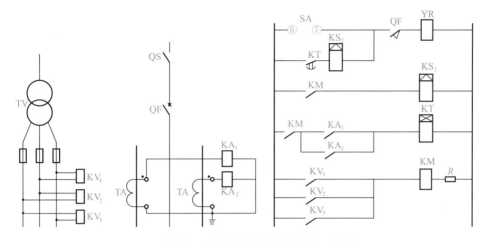

图5-43　低电压闭锁的过电流保护电路原理展开图

KA—过电流继电器；KS—信号继电器；KV—低电压继电器；KM—中间继电器；

YR—分闸线圈；QF—断路器辅助接点；SA—断路器操作开关；KT—时间继电器；

YR—分闸线圈；TV—电压互感器；TA—电流互感器

又由上述分析可知，装设了低电压闭锁元件后过电流保护的整定值可以不按躲过最大负荷电流整定，而按正常的持续负荷电流整定，这样就提高了过电流保护的灵敏度，同时也提高了保护装置动作的可靠性。中间继电器KM的另一对接点接信号继电器KS_1，其作用除在保护装置动作时发出信号外，还能起到当电压回路断线或熔丝熔断时，发出信号，可以及时地处理故障的作用。

为保证低电压闭锁元件在发生各种相线短路时能够可靠动作，三个低电压继电器应接在线电压上，并将三个继电器的接点并联。

第九节　电流闭锁电压速断保护电路特点

在有多个支路的变、配电系统中，由于与母线相连接的任一线路发生短路故障时，母线上的电压都要下降，这时与母线相连接的各线路电压速断保护的低电压继电器均要动作，造成不应有的断路器的跳闸，为保证继电保护的选择性，电压速断保护电路加装电流继电器，作为闭锁元件借以判断故障线路，这就构成了电流闭锁电压速断保护电路。

电流闭锁电压速断保护电路原理图如图5-44所示。

正常运行时，母线上的电压为额定电压，低电压继电器KV_1、KV_2、KV_3吸合的常闭接点是断开的，电流继电器KA_1、KA_2的接点也是处于断开的位置。这时如果在保护范围内发生短路故障，相应的低电压继电器和电流继电器均动作，接点闭合。由低电压继电器KV启动中间继电器KM_1，控制电源经中间继电器KM_1的接点，电流继电器KA的接点使中间继电器KM_2吸合动作，KM_2的常开接点接通，控制电源经KM_2接点、中间继电器KS_2线圈、断路器辅助接点QF，向分闸线圈YR发出跳闸信号，使断路器QF跳闸切除故障。

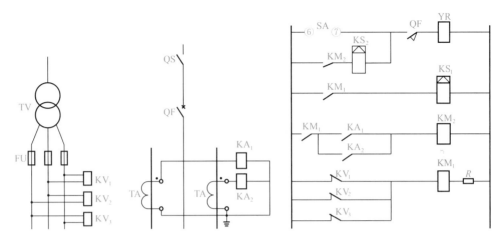

图5-44　电流闭锁电压速断保护电路原理图

KA—过电流继电器；KM—中间电器；KS—信号继电器；KV—低电压继电器；YR—分闸线圈；
QF—断路器辅助接点；SA—断路器控制开关；R—降压电阻20W、2kΩ

　　当其他的线路发生故障时，母线上的电压虽下降，低电压继电器KV动作，但电流继电器KA$_1$、KA$_2$不动作，中间继电器KM$_2$也不动作，断路器不会跳闸，保证了继电保护的选择性。如果当电压回路断线或熔丝熔断时，低电压继电器KV$_1$（或KV$_2$、KV$_3$）动作，启动中间继电器KM$_1$，经信号继电器KS$_1$发出断线信号，这时由于电流继电器KA$_1$、KA$_2$无故障电流而不动作，从而避免了保护电路误动作，所以电流继电器KA起到了使电压继电器速断保护有选择性和电压回路断线的闭锁作用。

第十节　继电器组成的继电保护电路分析

　　看懂高压继电保护电路并不是一件很难的事情。如图5-45所示是JYN型高压开关柜二次线电气原理图，采用继电器组成的继电保护电路，断路器采用CT电磁合闸机构，对图中的各种控制保护功能逐一进行分析。

　　电路分析如下。

　　电流测量回路：电路采取三相式保护电路，电路中的电流互感器（以下简称CT）。其中一组二次绕组1TA接电流表，负责监视电路运行状态，三个电流表和三个CT都呈星形连接，电流表所反映的为各自的线电流。

　　电流保护回路：电流互感器另一组二次绕组2TA，接了六个DL型电流继电器，1KA、2KA为高定值，用于速断保护。3KA、4KA、5KA为低定值用于过流保护。6KA接在CT二次回路的中性点上，用于零序电流保护。

　　试验位置合闸工作回路（图5-46）：试验位置合闸是断路器在试验位置时检验断路器动作的，当断路器手车推至试验位置时，位置限位开关8SQ动作接通，操作试验按钮SA，电路从控制母线＋KM→熔断器1FU→SA→插头CZ$_1$→位置限位8SQ→断路器辅助接点QF→合闸接触器KM→插头CZ$_1$→2FU→控制母线，形成动作回路。

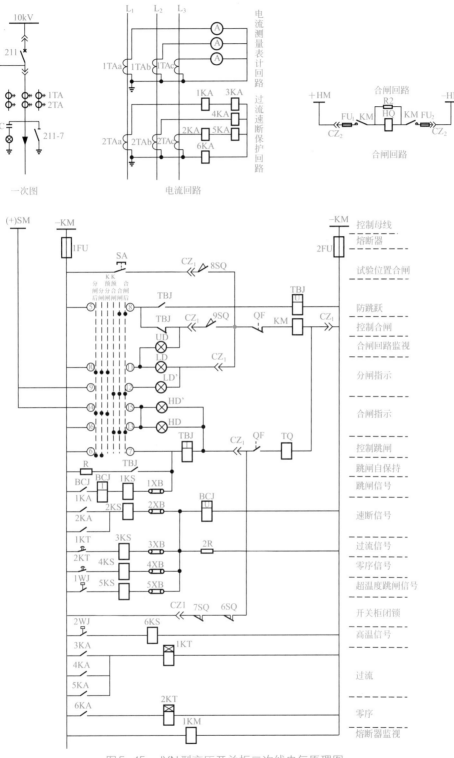

图 5-45　JYN 型高压开关柜二次线电气原理图

TA—电流互感器；KA—电流继电器；HQ—合闸电磁铁；CZ—连接插头；SA—试验合闸按钮；

8SQ，9SQ—手车限位开关；KK—主令开关；TBJ—电流工作电压保持继电器；

BCJ—电压工作电流保持继电器；KS—信号继电器；XB—跳闸压板；

QF—断路器动作限位；KT—时间继电器；1KM—接触器；

KM—合闸接触器；TQ—分闸线圈

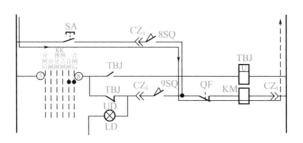

图5-46 试验位置合闸工作回路

防跳跃工作回路（图5-47）：防跳跃保护是防止断路器动作跳闸后而跳闸但信号未解除时，又发出了合闸命令，造成断路器出现断、通、断的误动作，防跳跃功能采用了一个ZGB-115型保持式中间继电器（代号TBJ，也称为防跳跃继电器）。ZGB-115继电器有两个线圈，一个电流线圈 $\boxed{I}$ 接在跳闸回路，为工作线圈；另一个电压线圈 $\boxed{U}$ 接在合闸线路。动作原理是当断路器故障跳闸后，分闸回路中的TBJ继电器电流线圈有电流通过而吸合TBJ的接点动作，这时UD黄色指示灯亮，表示跳闸信号未复归。

这时如果合闸操作，TBJ的常开接点闭合接通TBJ的电压线圈，常闭接点断开KM合闸线路，并且保持这种状态，使其不能进行合闸动作。

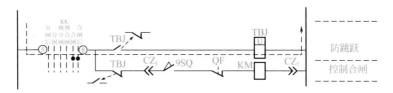

图5-47 防跳跃工作回路

控制合闸工作回路（图5-48）：控制合闸也是操作合闸，只有将断路器推至运行位置，这时9SQ运行位置限位开关闭合才可进行操作，电路从控制母线+KM→1FU熔断器→主令开关KK₅、KK₈→TBJ常闭→插头CZ₁→位置限位9SQ→QF常闭→合闸KM→插头CZ₁→2FU熔断器→控制-KM，形成动作回路。合闸接触器KM吸合其主接点接通合闸电磁线圈，合闸成功后断路器的辅助接点QF动作，QF的常闭断开合闸回路，合闸动作完成，QF的常开接点闭合，接通分闸回路，红灯HD亮。

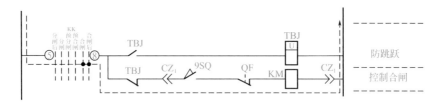

图5-48 控制合闸工作回路

合闸回路监视回路（图5-49）：断路器分闸之后，开关KK的10、11两点接通，此时绿灯LD亮表示分闸，断路器辅助接点QF已经复位，黄灯UD亮表示断路器位置无误，二次连接插头连接良好。

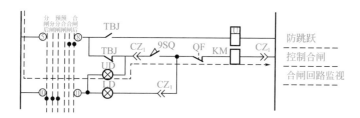

图5-49　合闸回路监视回路

合闸指示回路（图5-50）：当合闸成功时，开关KK的16、13接通电路，红灯HD亮。

控制分闸回路（图5-50）：操作开关KK令6、7两点接通，分闸线圈TQ得电动作，断路器分闸。

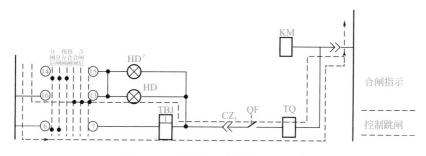

图5-50　合闸指示与控制分闸回路

跳闸自保持回路（图5-51）：跳闸自保持电路是防跳跃功能的一部分，当断路器因速断跳闸后，速断继电器BCJ电压线圈动作，BCJ的常开接点接通，分闸电路中的TBJ继电器（电流线圈）动作，TBJ的常开接点保持接通，保持跳闸信号。

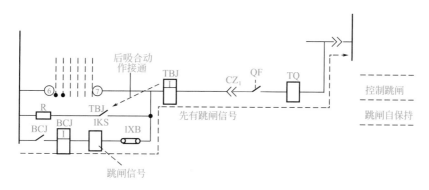

图5-51　跳闸自保持和跳闸信号回路

跳闸信号回路（图5-51）：跳闸信号电路是由BCJ继电器常开、BCJ电流线圈、1KS信号继电器、1XB压板组成，当继电器BCJ电压线圈得电吸合后，BCJ继电器常开接点动作，信号继电器1KS应有电流流过而动作，发出跳闸信号（1KS是电流型信号继电器）。

速断信号回路（图5-52）：CT二次保护回路中的1KA、2KA电流继电器因故障电流大于定值时吸合动作，1KA、2KA的常开接点闭合，接通2KS动作，发出速断跳闸信号。

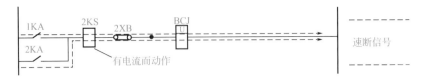

图5-52　速断信号回路

信号回路（图5-53）：包括了过流信号、零序电流信号、变压器超温信号，过流信号是由保护回路中的3KA、4KA、5KA电流继电器动作，接通时间继电器1KT延时，延时时间到1KT的延时闭合接点闭合，3KS动作，发出信号并接通跳闸电路。零序信号是由6KA电流继电器动作，接通时间继电器2KT延时时间到2KT的延时闭合接点闭合，4KS动作，发出信号并接通跳闸电路。变压器超温信号是由温度继电器1WJ因高温动作，1WJ的常开接点闭合，接通5KS，发出信号并接通跳闸电路。

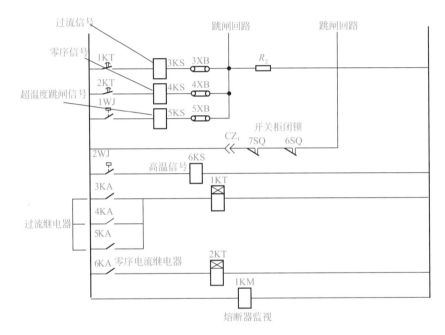

图5-53　信号回路

开关柜闭锁：开关柜闭锁电路是保证断路器在运行位置、试验位置时，开关柜除断路器手车门、仪表室门以外的开关柜门不可打开，以防发生危险，7SQ、8SQ是装在门内的限位开关，门关闭良好时开关压下接点断开，当门打开时SQ接通发出跳闸命令。

合闸回路（图5-54）：合闸回路是一个独立的电路，由直流电源直接引入，合闸线圈HQ受合闸接触器KM的控制，合闸接触器KM吸合，KM的主接点闭合，HQ得电动作，FU_1、FU_2为合闸线圈的短路保护熔断器，熔丝可按合闸线圈电流的$1/3 \sim 1/4$选择。

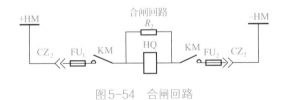

图5-54　合闸回路

第十一节 采用ABB SPCL140C过电流综合保护器的继电保护电路分析

采用ABB SPCL140C过电流综合保护器的继电保护器是现在应用很广泛的高压综合保护装置，如图5-55所示是采用ABB SPCL140C过电流综合保护器的继电保护器高压柜的柜面。

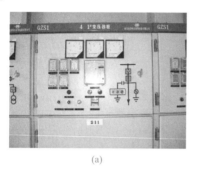 

(a)   (b)

图5-55 采用ABB SPCL140C过电流综合保护器的继电保护器高压柜的柜面

一、SPCL140C过电流综合保护器继电流输入回路

如图5-56所示，高压线路采用三相式保护电路，211负荷侧装有三个电流互感器1TAa、1TAb、1TAc，与电流表连接用于测量，2TAa、2TAb、2TAc与综合保护器KC的电流输入端1-2、4-5、7-8连接，TAn零序保护电流互感器也接于综合保护器25、26端相接。

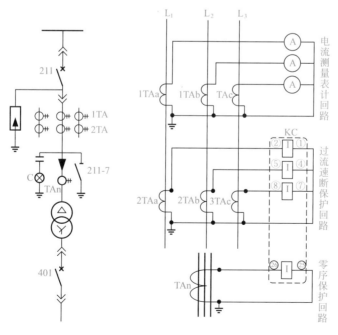

图5-56 采用SPCL140C过电流综合保护器继电流输入回路

采用SPCL140C过电流综合保护器的高压二次回路如图5-57所示。

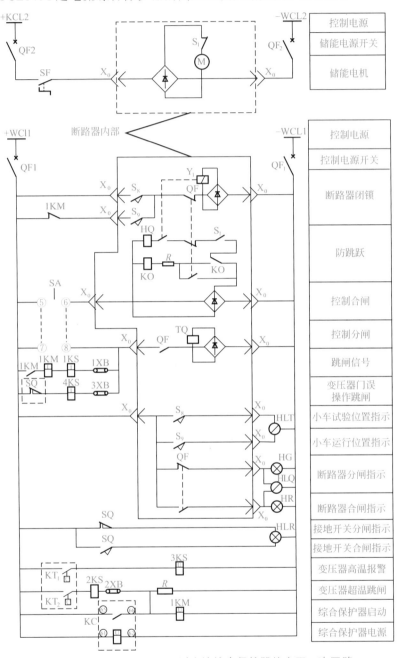

图5-57　采用SPCL140C过电流综合保护器的高压二次回路

1.主要部件

断路器采用CT弹簧储能操动机构，KC——过电流综合保护器、S_8——试验位置限位开关、S_9——运行位置限位开关、S_1——储能限位开关、X_0——断路器二次线插头、SF——搬把开关、SA——合闸主令开关、1KM——电压动作电流保持继电器、SQ——接地开关限位、KS——信号继电器、QF——断路器辅助接点、XB——跳闸压板、

Y_1——中间继电器、HQ——合闸线圈、TQ——分闸线圈、HLT、HLQ、HLR——状态指示器、HG——分闸指示灯、HR——合闸指示灯。

2.状态指示器

状态指示器是一种新型的开关及位置的指示灯，如图5-58所示，它是由LED发光管组成不同的形状，利用不同的发光颜色，用以表示各种开关的状态。

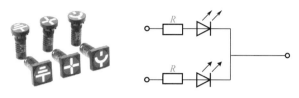

图5-58　状态指示器实物与电路

3.继电保护电路动作分析

弹簧储能回路（图5-59）：当断路器要合闸时应先进行储能操作，储能时扳动开关SF接通储能电机，储能开始，当储能到位时触动开关S_1，S_1的常闭接点断开，储能电机断电停止；S_1的常开接点接通，防跳跃电路，接通合闸HQ的电路具备合闸条件。

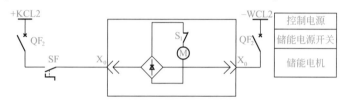

图5-59　弹簧储能回路

断路器闭锁回路（图5-60）：由S_8、S_9、1KM、QF四个接点组成，只有当断路器推至试验位置S_8闭合时，或推至运行位置S_9闭合时，跳闸回路的继电器1KM常闭未动作，中间继电器Y_1才可得电动作，其常开接点闭合，合闸线圈HQ电路接通，否则没有合闸动作。

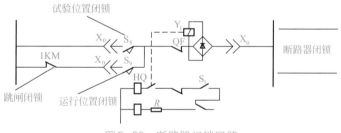

图5-60　断路器闭锁回路

防跳跃回路（图5-61）：防跳跃电路是由Y_1和K_0两个继电器组合完成的，当断路器合闸后主令开关SA的5、6接点还在接通位置时，断路器辅助接点QF已经动作，常闭接点断开HQ线路、常开接点接通KO线路，K_0继电器得电吸合，K_0的常闭接点断开HQ合闸线圈电路，使HQ合闸线圈不能动作。

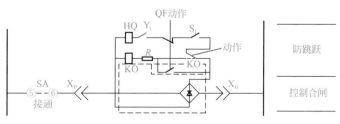

图5-61　防跳跃回路

控制合闸回路（图5-62）：控制合闸是必须在储能到位 S_1 闭合、断路器辅助接点 QF 复位、防跳跃继电器 K_0 未动作的条件下，操作主令开关 SA 令5、6接点接通才可合闸。

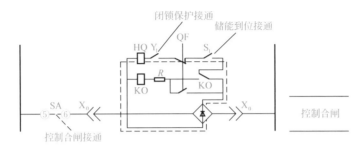

图5-62　控制合闸回路

控制分闸回路（图5-63）：断路器合闸后其辅助常开接点 QF 接通，操作主令开关 SA 搬至分闸位时7、8两点接通，分闸线圈 TQ 得电动作发出分闸指令。

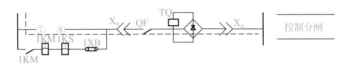

图5-63　控制分闸回路

跳闸信号回路（图5-64）：跳闸信号有两种：一种是过流跳闸信号由1KS发出；另一种是变压器门误操作跳闸由4KS发出。当电路发生过电流故障时，综合保护器KC的65、66两点接通，使1KM得电吸合（1KM继电器是电压动作电流保持型），1KM的常开接点接通分闸线路，TQ得电分闸，1KS信号继电器动作报警，SQ是装在变压器门上的限位开关，变压器门关闭紧密时限位开关SQ断开，门如果松开SQ复位接通分闸电路，4KS信号继电器动作报警。

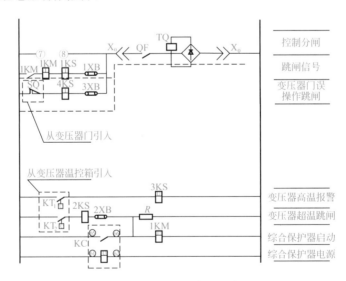

图5-64　跳闸信号回路

第十二节　采用施耐德SEPAM——
综合保护继电器的电路分析

施耐德SEPAM——综合保护继电器的继电保护器也是现在应用很广泛的高压综合保护装置，如图5-65所示是施耐德SEPAM——综合保护继电器的继电保护器高压柜的柜面。

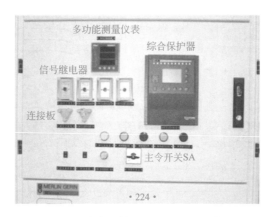

图5-65　SEPAM——综合保护继电器的继电保护器高压柜的柜面

1.一次回路分析

从图5-66中可知，这是一个10kV馈电柜（变压器出线柜）移开式开关柜的一次系统图，断路器装在手车上，由隔离插头连接主回路，手车拉出主回路断开，具有良好的隔离作用，断路器负荷侧采用三相式加零序电流保护电路，断路器负荷侧装有接地刀闸SQ以便在检修时将线路接地，确保检修安全，GSN是带电显示装置，用以表示断路器合闸变压器处于运行状态。断路器负荷侧的避雷器是用于消除操作过电压。

电路采用三相电流保护和零序保护，一次回路1TA用于电流表测量，2TA三相电流保护保护器、TAn是零序保护，如图5-67所示。互感器2TAa二次接保护器的4-1端做A相保护，互感器2TAb二次接保护器的5-2端做B相保护，互感器2TAc二次接保护器的6-3端做C相保护，互感器TAn二次接保护器8-9端做零序保护。

2.信号输出回路

信号输出回路如图5-68所示，1KS～3KS为信号继电器，可接警铃、警灯，综合保护器的L输出模块6、9、12、10、13为监控信号输出。空气开关跳闸信号是监视控制母线电源的。

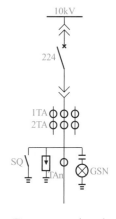

图5-66　一次回路

3.二次保护控制回路分析

采用SEPAM综合保护继电器的继电保护器高压二次回路如图5-69所示。

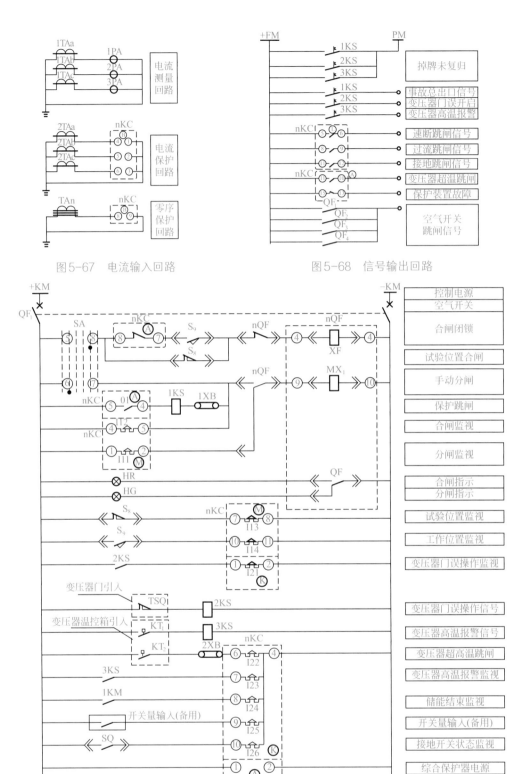

图 5-67　电流输入回路

图 5-68　信号输出回路

图 5-69　采用 SEPAM 综合保护继电器的继电保护器高压二次回路

4. 图中主要元件用途

1KM：中间继电器，储能电路结束动作信号。

HR：红色指示灯，表示合闸。

HG：绿色指示灯，表示分闸。

1KS：电流型信号继电器。

2～3KS：电压型信号继电器。

1～2XB：连接板，用于解除/投入跳闸指令。

1～2EH：加热器，用于开关柜内除湿。

nKC：Sepam-20T综合保护继电器。

nQF：EV12真空断路器。

SA：主令开关，用于断路器分合操作。

S8：限位开关，断路器手车试验位置开关。

S9：限位开关，断路器手车运行位置开关。

XF：合闸线圈。

MX_1：分闸线圈。

5. 辅助回路

辅助电路（图5-70）采用交流单相电源，加热器是220V、100W电加热器，主要用于消除开关柜内因为天气变化而产生的结露现象，照明是为了便于巡视检查柜内设备的运行状态，高压开关柜后门在运行状态下是不允许打开的，MS是一个220V的电磁锁，当控制母线有电ZS_1带电装置工作时，带电装置的K_1、K_3两点接通，电磁锁MS工作，锁住开关柜后门以防意外打开造成触电事故。

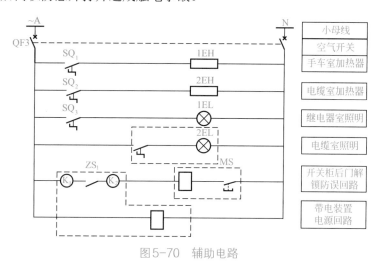

图5-70　辅助电路

6. 断路器储能回路

储能电路为直流电源，断路器储能回路如图5-71所示，SA_4是储能扳把开关，nSQ为储能位置开关，SA_4接通储能电机得电运行，储能到位时nSQ动作，常闭接点断开储能电机电路，电机停止，nSQ的常开接点接通，1KM中间继电器得电吸合其常开接点接通，指示灯HW亮，表示储能结束具备合闸条件。

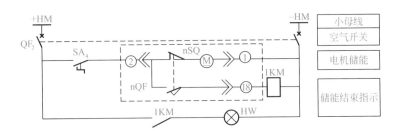

图5-71　断路器储能回路

7. 合闸回路分析

如图5-72所示为合闸回路，是由主令开关SA、nKC综合保护器8、7接点、手车位置开关S_9、断路器辅助接点nQF、合闸线圈XF组成的，nKC综合保护器接点8、7起合闸防跳跃作用，当综合保护器发出跳闸信号后8、7接点断开，SA合闸操作无效，只有当按综合保护器面板上的复位键，令8、7复位后SA合闸操作才有效。S_9是断路器手车位置开关，只有当手车推至运行位置S_9闭合、S_8断开才时可进行合闸操作，nQF是断路器的辅助接点，断路器在分闸状态时辅助接点常闭应闭合，具备上述三个条件合闸操作才有效，S_8是断路器手车试验位置开关，当手车在试验位置时S_8闭合、S_9断开，可进行合闸试验。

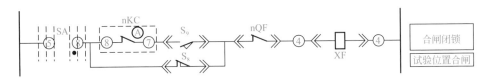

图5-72　合闸回路

8. 分闸回路分析

如图5-73所示，断路器在分闸状态时，nQF接点与综合保护数字量输入接点I11的1、2接通，综合保护器状态指示灯 off○亮，表示分闸。断路器合闸时，nQF接点闭合与分闸电路接通，综合保护器数字量输入接点I12的4、5接通，综合保护器状态指示灯 on○亮，表示合闸。手动分闸时操作SA主令开关令6、7接通，分闸线圈MX_1得电动作分闸。当出现电路异常时综合保护器发出跳闸指令，综合保护器的5、4接点接通，分闸线圈MX_1得电动作分闸，同时信号继电器1KS动作发出故障跳闸信号。

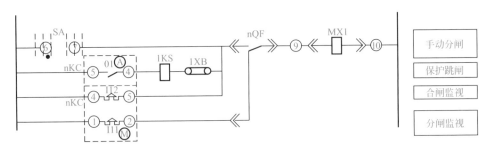

图5-73　分闸回路

9.分合指示

如图5-74所示，断路器分合指示由断路器辅助接点nQF、红色信号灯 HR 和绿色信号灯HG组成，分闸状态时 nQF 与 HG 接通绿灯亮，表示分闸，合闸状态时 nQF 与 HR 接通红灯亮，表示合闸。

图5-74　分合指示回路

10.设备状态监视回路

如图5-75所示，设备状态监视是保证高压开关柜和变压器确实在安全运行状态下才可投入运行的功能，状态监视是利用综合保护器的程序指令功能完成的，试验位置时S_8接通S_9、2KS断开断路器可进行合闸试验，合闸时必须是S_8断开S_9、2KS接通，否则综合保护器的接在合闸电路中的nKC部件中Ⓐ的8、7两点断开，禁止合闸。

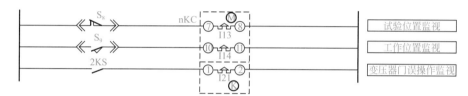

图5-75　设备状态监视回路

11.运行监视回路

如图5-76所示，变压器门误操作是保证室内变压器在运行状态时，打开变压器门误入带电间隔的安全措施，TSQ是装在变压器门口的限位开关，防护门关闭良好TSQ接点断开，2KS不动作，防护门开启TSQ闭合，2KS动作发出误操作信号，断路器跳闸或不能合闸操作。

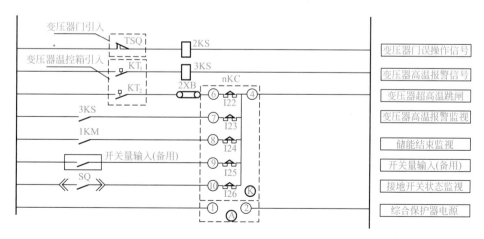

图5-76　运行监视回路

变压器温度监视是由变压器温度控制箱引出的两个控制接点，KT_1是变压器高温报警信号接点，变压器超过设定运行温度时KT_1闭合，3KS得电闭合并且接点接通发出报警信号，KT_2是变压器超高温控制接点，当变压器出现超高温状态时，KT_2闭合，接通综合保护器的信号输入I22接点，由综合保护器发出跳闸信号并记录运行状态，2XB是连接板，在特殊状态下可打开连接板，解除高温跳闸功能。

12.状态指示器回路

如图5-77所示，状态指示器电路是由开关和状态指示器组成，用以指示断路器位置和接地开关状态。

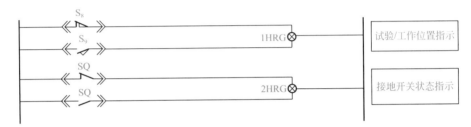

图5-77　状态指示回路

第六章 变电站值班工作的安全要求

一、成为一名高压电工应具备的条件

高压电工与低压电工不同，其工作范围主要是变、配电所的值班工作，应具备如下的条件。

① 熟悉变、配电所中的各项规程制度。
② 掌握本变、配电所中各种运行方式的操作要求和步骤。
③ 掌握本变、配电所中主设备的一般构造和原理、技术要求和负载情况。
④ 掌握本变、配电所继电保护的定值和保护范围。
⑤ 能正确执行安全技术措施和组织措施。
⑥ 能够独立进行倒闸操作、查找分析及处理设备异常和事故情况。

二、变、配电站值班的要求

（1）变电站值班人员，除符合第一条规定外，还应熟悉所管范围内电气设备性能，一、二次系统接线图，并能熟练地进行操作与事故的处理。

变、配电所的一、二次接线图要反映电力系统的实际接线情况。将变、配电所的电源、各种开关电器、电力变压器、母线、电力电缆和电力电容器等电器设备依一定次序相连接的馈受和分配电能的电路，应采用国家标准（GB 4728.1-13-5）规定的图形符号绘制，一、二次接线系统图是运行分析、维修工作的主要技术资料。

变、配电所的一次接线系统图又称主系统单线接线图，或称单线系统图，因为它一般均以单线接线图绘制。在某些图中的局部，例如电流互感器，由于所用的数量不同，应以多线图（三线）表示。如图6-1所示是一个单电源双变压器的系统图。

（2）变电站值班人员，每班不得少于2人，特殊情况下仅留1人时，此人必须具有独立工作和处理事故的能力，并只能监护设备运行，不得单独从事修理工作。如图6-2所示为变、配电值班人员巡视运行情况。值班人员必须坚守岗位，熟悉所管辖范围内的电气设备性能及运行状况，认真巡视检查，并能准确、熟练地进行倒闸操作及事故处理。

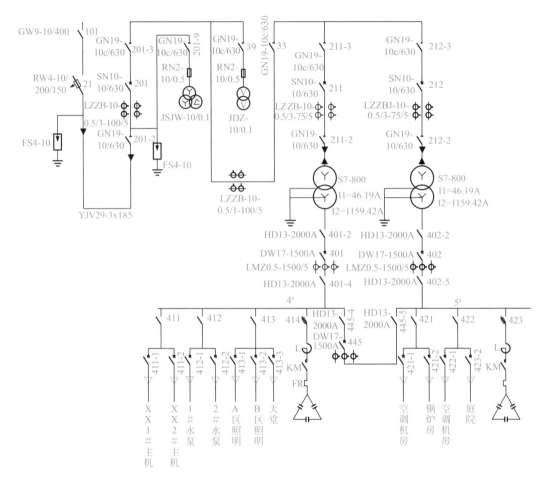

图6-1 单电源双变压器的系统图

图6-2 变、配电值班人员巡视运行情况

变、配电值班人员的主要工作有以下内容。

① 监护仪表保证设备的正常运行，正确果断地排除故障和事故。

② 根据负荷大小、设备状况、检修试验等任务，调整运行方式，实施安全技术措施和安全组织措施，配合完成作业任务。

值班人员在巡视检查设备运行和检修时，应注意保持与带电体之间的安全距离，6～10kV 的电力设备有遮栏时不应小于 0.35m，无遮栏时不应小于 0.7m，如图6-3所示。

图6-3 值班人员工作注意事项

③ 严肃认真，正确无误地记录运行日志，按时抄报所规定的表单和报表。

④ 做好调整负荷节电工作。

⑤ 做好设备缺陷的检查记录和设备的维护、保养工作，提高设备的完好率。

⑥ 保管好站内的消防器材及常用工具。

⑦ 做好设备和工作场所的清洁卫生工作。

⑧ 未经批准不得进入变电站，外来参观检查人员，进站必须进行登记。

⑨ 值班人员不得在值班时间做与工作无关的事，不得擅自离开工作岗位。

为了保证安全用具的可靠性，值班人员应妥善地保管安全用具（图6-4），保管的方法如下。

① 应存放在干燥、通风场所；

② 绝缘杆应悬挂在支架上，不应与墙面接触；

③ 绝缘手套应存放在密闭的橱内，并与其他工具、仪表分别存放；

④ 绝缘靴应存入橱内，不准代替雨靴使用；

图6-4 值班人员应妥善地保管安全用具

⑤ 试电笔应存放在防潮的匣内，并放在干燥的地方；

⑥ 所有安全用具都不准代替其他工具使用。

四、变、配电所的负责人和值班长应具备的条件

变、配电所的负责人和值班长，必须具备变电运行专业知识和运行操作经验，技术比较熟练，能独立进行和全面指导所管理的变、配电所中各种电气设备的运行操作和事故处理工作。一般应具备下列条件。

① 掌握本变、配电所电气设备的参数、构造和工作原理以及运行特性要求。

② 掌握变、配电所设备的负荷情况、变化规律及经济运行方式。

③ 熟知变、配电所中有关规程制度的要求及其实质。

④ 掌握本变、配电所中各种继电保护装置的原理和保护范围。

⑤ 能够指挥本所值班人员进行倒闸操作和事故处理。

⑥ 能够根据本所内的各项工作内容，制订和审查、执行所制定的安全措施。

⑦ 能够组织本所值班人员，做好运行分析和管理工作，适时提出电气设备的反事故措施。

⑧ 能够进行本所设备的维护工作和设备的验收工作。

⑨ 熟练地掌握触电急救法。

五、值班长和值班员岗位职责的基本内容

变、配电室值班长的职责有：负责本值的安全、运行、维护工作；领导本值接受、执行调度命令，正确、迅速地进行倒闸操作和事故处理；发现和及时处理缺陷；受

高压电工上岗技能一本通（双色版）

148

理和审查工作票，并参加验收工作；组织好设备维修工作；审查本值记录；完成本值培训工作。

值班员的职责：在值班长的领导下，做好本值的安全、运行、维护工作；按时巡视设备，做好记录；进行倒闸操作；按时做好各种记录；管理好安全用具和仪表工具；做好交接班工作；在值班长不在时代理值班长执行必要的业务工作。

六、保证安全的技术措施

在全部停电或部分停电的电气设备上工作，必须完成下列安全技术措施：停电；验电；装设接地线；悬挂标示牌和装设临时遮栏。

1.停电

① 将停电工作设备可靠地脱离电源，也就是必须正确地将有可能给停电设备送电或向停电设备倒送电的各方面电源断开。

② 断开电源，至少要有一个明显的断开点。其目的是做到一目了然，应将与停电设备有关的变压器和电压互感器从高压和低压两侧断开。对于柱上变压器等，应将高压熔断器的熔丝管取下。

③ 邻近带电设备与工作人员在进行工作时，在10kV及以下正常活动范围必须大于0.7m。当小于0.7m而大于0.35m的距离时，该带电设备应同时停电或在工作人员和邻近带电设备之间加设安全遮栏；如果附近带电设备与工作人员在进行工作时，正常活动范围的距离小于0.35m时，该邻近带电设备必须同时停电。

2.验电

检修的电气设备停电后，在悬挂接地线之前必须用验电器检验有无电压。

验电还应注意下列事项。

① 验电应分相逐相进行，对在断开位置的开关或刀闸进行验电时，还应同时对两侧各相验电。

② 当对停电的电缆线路进行验电时，如线路上未连接有能够构成放电回路的三相负荷，由于电缆的电容量较大，剩余电荷较多，一时不易将电荷泄放光，因此刚停电后即进行验电，验电器仍会发亮，直至验电器指示无电为止。切记绝不能认为剩余电荷作用所致，就盲目进行接地操作，这是十分危险的。

③ 同杆塔架设的多层电力线路进行验电时，先验低压，后验高压；先验下层，后验上层。

④ 信号和仪表等通常可能因失灵而错误指示，因此表示设备断开的常设信号或标志、表示允许进入间隔的闭锁装置信号以及接入的电压表指示无压和其他无压信号指示，只能作为参考，不能作为设备无电的根据。但如果信号和仪表指示有电，在未查明原因，排除异常的情况下，即使验电器检测无电，也应禁止在设备上工作。

⑤ 高压验电必须戴绝缘手套。35kV及以上的电气设备，可以使用绝缘杆验电，根据绝缘杆顶部有无火花和放电噼啪声来判断有无电压。500V及以下设备，可以使用低

压试电笔或白炽灯检验有无电压。

3.装设接地线

对于突然来电的防护，采用的主要措施或者唯一的措施是装设接地线。装设接地线包括合上接地刀闸和悬挂临时接地线，接地刀闸和接地线均由两部分组成：三相短接部分和集中接地部分。在装设接地线以后使停电设备实现三相短接，再集中统一接地。这项工作是在验电之前就应先准备好合格的接地线，接地端采用插入式接地棒时，接地棒在地中的插入深度不得小于0.6m。接地线和导体或接地端的夹具要固定，严禁用缠绕的方法进行短路和接地。

装设接地线应遵循一定的原则，对于可能送电至停电设备的各个电源侧，均应装设接地线，以做到从电源侧看过去，工作人员均在接地线的后面，即在接地线的保护之下工作。

4.悬挂标示牌和装设临时遮栏

悬挂标示牌可提醒有关人员及时纠正将要进行的错误操作和做法。为防止因误操作而错误地向有人工作的设备合闸送电，要求一经合闸即可送电到工作地点的开关和刀闸的操作把手上，均应悬挂"禁止合闸，有人工作"的标示牌。如是停电设备有两个断开点串联时，标示牌应悬挂在靠近电源的刀闸把手上。对远方操作的开关和刀闸，标示牌应悬挂在控制盘上的操作把手上；对同时能进行远距离和就地操作的刀闸，则应在刀闸操作把手上悬挂标示牌。在开关柜悬挂接地线后，应在开关柜的门悬挂"已接地"的标示牌。

七、保证电气安全工作制度

1.工作票制度

在电气设备上工作，必须得到许可或按命令进行，工作票就是准许在电气设备上工作的书面命令，通过工作票还可明确安全职责，履行工作许可、工作间断、转移和终结手续，以及作为完成其他安全措施的书面依据。因此，除一些特定的工作外，凡在电气设备上进行工作的，均必须填写工作票。

工作票的工作范围：

① 在高压电气设备（包括线路）上工作，需要全部停电或使部分设备停电；

② 进行其他工作时（如二次回路），需要将高压设备停电或采用安全技术措施。

以下几种工作可以不填写工作票：

① 事故紧急抢修工作；

② 线路运行人员在巡视工作中，需登杆检查或捅鸟巢等；

③ 用绝缘工具做低压测试工作。

一个负责人，一个班组，在同一个时间内只能执行一张工作票。

工作票签发人：指电气负责人、生产领导以及指定有实践经验的技术人员。工作负责人：指带领一个或几个小组进行工作的人。主要是负责填写工作票及做监护人，但不能签发工作票。工作票的填写应清楚整洁，不得涂改。工作票执行后，保存日期不应少于三个月。

2. 查活及交底制度

填写了工作票和操作票仅仅是做到了一个方面，从始至终认真执行工作票和操作票时，应根据系统情况和工作内容，认真考虑安全措施，在拟定安全措施时，不能单凭脑子记忆或主观意向，而必须认真核对系统模拟图板或系统图，认真了解当时系统实际运行方式或接线方式，必要时还应到现场进察看，核实情况。工作负责人必须熟悉工作票和操作票的内容，并向全体工作人员传达和交底。

工作前，工作负责人应根据工作任务到现场查清电源、工作范围以及设备编号等，并应根据检查的情况，制定现场安全措施，填写好工作票。工作负责人应根据工作任务现场情况，提出所使用的安全工具、起重工具和材料等，并指定专人检查。工作前一天，查清所使要使用的材料、工具是否齐全、合格。工作负责人应对停电范围内以及附近的周围环境、道路等情况做好调查，尤其运输较笨重设备时，应事先考虑好安全措施。

3. 工作许可制度

在电气设备进行工作时，必须事先征得工作许可人的许可，未经许可，不准擅自进行工作。

在电气设备上所进行的工作，包括不停电工作和停电工作两种，当进行带电作业等不停电工作时，应办理许可手续，还要尽可能地做好必要的安全措施。

在电气设备上进行的停电工作，必须事先办理停电申请，并征得工作许可人的许可，方准开始工作。工作前征得许可是确保停电设备处于检修状态的必不可少的手续，因此必须认真执行。工作许可人必须有专门的书面许可手续，并存放在固定地方，以便随时进行查对。严禁采用临时和凭口头记忆进行。

4. 工作监护制度

执行工作监护制度，可使工作人员在工作过程中得以受监护人的一定指导与监督，以及时纠正一切不安全的动作和其他错误做法。

① 工作监护制度是保证人身安全及操作正确的主要措施。监护人的安全技术等级应高于操作人。

② 带电作业或在带电设备附近工作时，应设监护人，工作人员应服从监护人的指挥。监护人在执行监护时，不应兼做其他工作。

③ 监护人因故离开工作现场时，应由工作负责人事先指派了解有关安全措施的人员接替监护，使监护工作不致间断。

④ 监护人所监护的内容如下：部分停电时，应始终不断地对所有工作人员的活动范围进行监护，使其与带电设备保持安全距离。带电作业时，应监护所有工作人员的活动范围不应小于与接地部位的安全距离，工具使用是否正确、工作位置是否安全以及操

作方法是否正确等；监护人发现某些工作人员中有不正确的动作时，应及时提出纠正，必要时令其停止工作。

5.工作间断和工作转移制度

工作间断和工作转移制度是对工作间断和转移后，是否需要再次履行工作许可手续而作的规定，因此，实际上它属于工作许可制度的一个方面。该制度规定了当天的工作间断，间断后继续工作无需再次征得许可。而对隔日的工作间断，次日复工，则应重新履行工作许可手续。对线路工作来说，如果经调度允许的连续停电线路（夜间不送电），工作地点的接地不拆除的，次日复工应派人检查地线，但可不重新履行工作许可手续。

工作间断期间，遇有紧急情况需要送电时，值班员应得到工作负责人的许可，并通知全体工作人员撤离现场，拆除临时遮栏、接地线和标示牌，恢复常设遮栏和原标示牌，方可提前送电。

6.工作终结及送电制度

工作终结，送电前应按以下顺序进行检查。

① 检查设备上、线路上及工作现场的工具和材料，不应有遗漏。

② 拆除临时遮栏、标示牌，恢复永久遮栏、标示牌等，同时清点全体人员的人数，无误。

③ 拆除临时接地线，所拆的接地线组数应与挂接地线组数相同（接地隔离开关的分、合位置与工作票的规定相符）。

④ 送电前应检查与送电线路有关的开关确在断开位置。

八、变、配电所（室）设备安全巡视的要求

变配电所（室）设备巡视是保证安全运行的最基本工作，它能够及时地发现事故隐患，在设备巡视时，值班人员为保证自身的安全应做到以下几点。

① 对设备进行巡视检查时，通过值班人员的观察和必要的仪器辅助（红外测温仪等），认真分析。发现异常现象时，要及时处理，并做好记录。对于重大异常现象及时报告上级或有关部门。

② 对新投入运行或大修后投入运行的设备的试运行阶段（一般为72h）应加强巡视，确认无异常情况后，方可按正常巡视周期进行巡视。

③ 巡视检查工作可由一人进行，但应遵守《电气安全工作规程》的有关规定，不得做与巡视无关的其他工作。

④ 变（配）电所室内进行巡视检查时，还应对以下项目进行检查：

a. 变（配）电所的暖气装置应无漏水或漏气现象；

b. 变（配）电所的门、窗应完整，开闭应灵活；

c. 变（配）电所的正常照明和事故照明应完整齐全；

d. 变（配）电室出入口应设置高度不低于400mm的防鼠挡板。配电室入口挡板要求如图6-5所示。

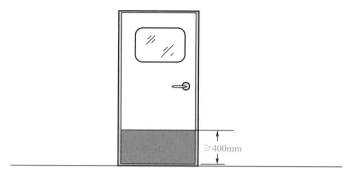

图6-5 配电室入口挡板要求

⑤ 巡视检查一般必须两人进行（图6-6），巡视检查期间，不得打开电气设备遮栏进行工作，对工作量不大，在符合下列条件时，准许打开遮栏或越过遮栏进行工作：

a. 带电部分在工作人员的前面或一侧；

b. 人体对带电部分的最小距离，6kV及以下≥35cm；10kV≥70cm；

c. 接地情况良好；

d. 6～10kV系统没有单相接地现象。

变、配电设施巡视检查时，凡是人体容易接触的带电设备（如高压开关、变压器等）都应设置牢固的遮栏，并挂上"止步，高压危险"的警告牌。

⑥ 巡视检查时，应带常用工具、穿绝缘鞋、戴绝缘手套，并带手电筒及记录本等，以备使用。

⑦ 高压设备发生接地时，室内不得接近故障点4m以内，室外不得接近故障点8m以内（图6-7）。在上述范围内的人员，必须穿绝缘靴；接触设备外壳和构架时，应戴绝缘手套。

图6-6 变配电设施巡视检查

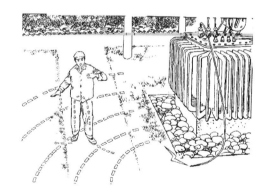

图6-7 巡视时注意跨步电压的发生

当电气设备发生导体碰壳或电力线路一相接地短路时，就有单相对地短路电流从接地体向大地四周流散，在地面上呈现出不同的电位分布，当人在接地短路点附近行走时，前脚与后脚之间会产生跨步电压。人离接地体越近，跨步电压越大，人离接地体越远，跨步电压越小。为了防止跨步电压触电，规程规定在巡视检查电气设备时，应穿绝缘靴。当高压电气设备发生接地故障时，行人室内不得靠近接地故障点4m以内，室外不得靠近接地故障点8m以内；架空线路断线落地时，行人不得靠近断线地点8m以内。

行人一旦进入产生跨步电压的区域，感觉出跨步电压的作用，应立即向后转，走出该区域，并设法报告有关人员，断开发生故障的电源。

九、变、配电站连续工作的交接班的要求

变电站交接工作是一项保证安全运行的重要内容，值班人员要认真地做好交接班工作（图6-8），交班要全面、清楚，接班要心中有数。

图6-8 值班人员要认真地做好交接班工作

（1）交班者要尽力为下一班创造有利条件，并事先做好下列工作：

① 核对好运行模拟图；

② 整理好运行记录及上级和有关单位的联系业务及指令等；

③ 整理好本班内的重要操作、故障、事故的发生处理记录，并提出下一班应作的工作；

④ 整理好值班室存放的图纸资料、工具、器具等；

⑤ 审查整理操作票和工作票；

⑥ 完成清洁卫生工作。

（2）接班人员应提前10～15min到达现场，并详细了解、检查设备运行情况。

（3）在下列情况下不得交接班：

① 接班人醉酒或主要值班人未到；

② 接班人员未弄清情况；

③ 事故期间或正在进行倒闸操作。

这时的工作应以当班人员为主，接班人员在当班班长统一领导下协助工作。

（4）在交接清楚之后，由值班班长在值班日志上签名。

高压电工上岗技能一本通

（双色版）

一个管理良好的变、配电站应有系统模拟板、系统图纸、电工仪表、绝缘工具和消防器材等用品。

1. 系统模拟板

系统模拟板是与实际状况相符的供配电设备运行模拟图和主接线图。如图6-9所示是某图书大厦的供电系统的模拟图板。

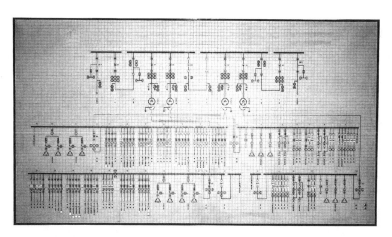

图6-9 某图书大厦的供电系统模拟图板

① 模拟图板可以将运行中的电气设备实际状态、接线方式、供电方式和各种开关的"分"、"合"状态明确地展示出来，使运行管理人员和值班人员掌握和了解本单位供电系统的运行情况。

② 用以在倒闸操作之前，在模拟图板上进行核对性操作，检验操作票所列的操作顺序的正确性。

③ 模拟图板上部署安全措施时，检验确定全措施是否正确，防止误操作事故发生。

④ 日常的技术培训及练习可用模拟图板进行模拟训练，提高值班人员的实际操作技能和处理事故的能力。

⑤ 可以增强值班人员对电气设备的接线方式、布置方位、运行方式和操作编号的记忆能力。

各电压等级的颜色区别：220kV，用紫色；110kV，用朱红色；35kV，用鲜黄色；10kV，用绛红色；6kV，用深蓝色；3kV，用深绿色；0.4kV，用黄褐色；0.23kV，用深绿色；直流，用褐色。

2. 与实际相符合的图纸

主要有变、配电所平面布置图；本单位主要用电设备分布图；变、配电线路路径图；电气装置隐蔽工程竣工图；直流系统图。

3.合格的常用测量仪表计

主要有：兆欧表，用于检查电器设备绝缘电阻；钳形电流表，用于检测低压线路电流；万用表，用于检查分析电路状态；接地电阻仪，用于检查各中接地极的接地电阻；红外线温度测试仪，用于巡视电路时测量导体和接点温度。

4.临时携带的照明工具

5.常用的电工、钳工工具及维护材料

6.合格的安全用具

主要有：绝缘手套、绝缘靴、绝缘台、绝缘垫、绝缘鞋、绝缘拉杆、绝缘夹钳、高压验电器、低压验电笔、临时接地线、各种标示牌、临时围栏。

7.电气消防器具

电气火灾应使用不导电的灭火器，目前主要有二氧化碳灭火器（图6-10）、干粉灭火器（图6-11）和喷雾水枪（图6-12）。

图6-10　二氧化碳灭火器　　　　　　　图6-11　干粉灭火器

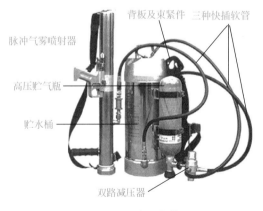

图6-12　喷雾水枪

（1）二氧化碳灭火器　二氧化碳灭火器是一种气体灭火剂，不导电，二氧化碳相对密度为1.529，灭火剂为液态筒装，因为二氧化碳极易挥发气化，当液态二氧化碳喷射时，体积扩大400～700倍，强烈吸热冷却凝结成霜状干冰，干冰在火灾区直接变为气体，吸热降温并使燃烧物隔绝空气，从而达到灭火目的。可使燃烧迅速熄灭。

（2）干粉灭火器　干粉灭火器的药剂主要由钾或钠的碳酸盐类加入滑石粉、硅藻土等掺和而成，不导电。其有隔热、吸热和阻隔空气的作用，将火灾熄灭。该灭火器适用于可燃气体、液体、油类、忌水物质（如电石等）及除旋转电机以外的其他电气设备初起火灾。

（3）喷雾水枪　喷雾水枪由雾状水滴构成，其漏电流小，比较安全，可用于带电灭火。但扑救人员应穿绝缘靴、戴绝缘手套并将水枪的金属喷嘴接地。接地线可采用截面为2.5～6mm²、长20～30m的编织软导线，接地极采用暂时打入地中的长1m左右的角钢、钢管或铁棒。接地线和接地体连接应可靠。

十一、变、配电所配电装置的清扫检查、预防性试验及相关规定

变、配电所配电装置的清扫检查及预防性试验的安全要求如下。

（1）变、配电所配电装置应根据设备污秽情况、负荷重要程度及负荷运行情况等条件安排设备的清扫检查工作。一般情况下，至少每年一次。

（2）变、配电所配电装置停电清扫检查的内容一般规定如下。

① 清扫瓷绝缘表面污垢，并检查有无裂纹、破损及爬闪痕迹。

② 检查导电部分各连接点的连接是否紧密，铜、铝接点有无腐蚀现象，若已腐蚀，则清除腐蚀层后涂导电膏。

③ 检查设备外壳（是指不带电的外壳）和支架的接地线是否牢固可靠，有无断裂（断股）及腐蚀现象。

④ 对充油设备应检查出气瓣是否畅通，并检查是否缺油。对油量不足的设备补充油时，10kV及以下的充油设备应补充经耐压试验合格的油；35kV及以上者应补充同牌号油或经混油试验合格的油。

⑤检查传动机构和操作机构各部位的销子、螺丝是否脱落或缺少，操作机构的拉、合闸是否灵活。

⑥ 对配电装置的架构应检查：

a. 各部位螺栓有无松动及脱母现象；

b. 混凝土有无严重裂纹、脱落现象；

c. 钢架构有无锈蚀现象，锈蚀处应涂刷防腐漆；

d. 检查接地线是否良好，有无锈蚀、断裂（断股）等现象。

（3）变、配电所的高压配电装置及设备应根据本规程有关要求，安排预防性试验。

（4）高压配电装置进行绝缘试验时，应将连接在一起的各种设备单独试验。对于成套设备，进行单独试验有困难时，也可以连在一起进行试验。此时，试验标准应采用所有连接设备中的最低标准。

十二、在巡视检查中发现高压配电装置异常时的处理方法

运行中的高压配电装置发生异常情况时，值班员应迅速、正确地进行判断和处理。凡属供电部门调度所调度的设备发生异常时，都应报告调度所值班调度员，如威胁人身安全或设备安全运行时，应先进行处理，然后立即向有关部门和领导报告。变、配电系统事故处理时全体运行值班人员应做到以下几点。

① 尽快限制事故发展，切除事故的根源，并解除对人身和设备安全的威胁。

② 尽可能保持对用电设备的正常供电，尽速对已停用的用电部位恢复供电，优先对一、二级负荷恢复供电。

③ 调整配电系统的运行方式，保持其安全运行。

④ 发生事故时，值班人员应及时口头汇报有关领导，然后详尽地报写事故报告。

十三、当变、配电所发生全站无电时的正确处理方法

造成变、配电所发生全站无电的原因有两个方面，处理时要正确分析造成故障的原因。

1.电源有电，电源断路器掉闸时

① 各分路断路器的继电保护装置均未动作，应详细检查设备，排除故障后方可恢复送电。

② 分路断路器的继电保护装置已动作，不论掉闸与否，均可按越级掉闸处理。

2.电源无电时

① 电源断路器的继电保护装置已动作而未掉闸者，应立即拉开电源断路器，检查变、配电所内设备，查明故障，待故障排除后，电源有电时，方可恢复送电或倒用备用电源供电。

② 本变、配电所无故障者，可倒用备用电源供电，但应先拉开停电路的断路器，再合上备用电源断路器。

十四、高压断路器掉闸后正确的处理方法

高压断路器是由继电保护电路控制的开关，掉闸后应按下列规定处理。

（1）配出架空线路的开关掉闸可允许手动试送两次，但第二次试送应与第一次试送掉闸后隔1min。开关掉闸时，喷油严重者，不准试送。

（2）变压器、电容器及全线为电缆的线路掉闸后不允许试送，待查明故障原因排除后，方可试送。

（3）开关越级掉闸。

① 分路开关保护动作未掉闸，而造成电源开关掉闸者，应先拉开所有分路开关，

试送电源开关，再试送无故障各分路开关。故障路试送前，应先查明原因。

②分路开关与电源开关同时掉闸者，应先拉开无故障的分路开关，试送电源开关，再试送各分路开关。在试送故障分路开关前，应检查两级继电保护的配合情况。

十五、高压断路器在运行中发生异常现象的处理方法

（1）合闸后，开关内部有严重的打火、放电等异常声音，应立即拉开，停电检查原因。

（2）高压少油断路器因漏油造成严重缺油者，应立即解除继电保护（断开掉闸压板），同时取下操作保险，并将所带负荷倒出或在负荷端停掉负荷后，进行停电处理。

（3）高压开关的瓷瓶或套管发生闪络、断裂及其他严重损伤时，应立即停电处理。

（4）高压开关分、合闸失灵时，进行下列检查。

① 二次回路方面

a. 操作保险或主合闸保险是否熔断，接触是否良好。

b. 回路中有无断线或接头处接触不良。

c. 开关辅助接点和CD操动机构的直流接触器的接点是否接触不良。

d. 直流电压是否过低。

e. 继电器的接点是否断开。

f. 操作手把接点是否接通等。

② 操动机构方面

a. 分、合闸铁芯是否卡劲。

b. 脱扣三联板中间连接轴的位置过高或过低。

c. 合闸托架与滚轴抗劲，传动轴、杆松脱。

d. 分闸顶杆太短等。

十六、隔离开关异常运行及事故处理

① 隔离开关及引线接头处发热变色时，应立即减少负荷，并迅速停电进行处理。

② 隔离开关拉不开时，不要猛力强行操作，可对开关手把进行试验性的摇动，并注意瓷瓶和操作机构，找出抗劲处。

③ 当发生带负荷错拉隔离开关，而刀片刚离刀闸口有弧光出现时，应立即将隔离开关合上。如已拉开，不准再合。

④ 当发生带负荷错合隔离开关时，无论是否造成事故，均不准将错合的隔离开关再错拉开。

⑤ 高压熔断器的熔体熔断时，应先检查被保护设备有无故障，如因过负荷熔断，可更换熔体后试送电。

十七、电压、电流互感器异常运行及事故处理

① 电压互感器一次侧熔体熔断而二次侧熔体未熔断时，应摇测绝缘电阻值。如绝缘电阻值合格，可更换熔体后试送电，如再次熔断则应进行试验。

② 电压互感器二次侧熔体熔断时，可更换合格的熔体后试送电，如再次熔断，应立即查找线路上有无短路现象。

③ 电流互感器发生异常声响，表计指示异常，二次回路有打火现象，应立即停电检查二次侧是否开路或减少负荷进行处理。

④ 瓷套管表面发生放电或瓷套管破裂、漏油严重及冒烟等现象，应立即停电处理。

十八、10kV配电系统一相接地故障的处理

10kV系统一般为不接地系统，但在某些变配电所中装有绝缘监察装置。这套装置包括三相五柱式电压互感器、电压表、转换开关、信号继电器等。其原理参见电压互感器部分。

1.单相接地故障的分析判断

① 10kV系统发生一相接地时，接在电压互感器二次开口三角形两端的继电器，发生接地故障的信号。值班人员根据信号指示应迅速判明接地发生在哪一段母线，并通过电压表的指示情况，判明接地发生在哪一相。

② 当系统发生单相接地故障时，故障相电压指示下降，非故障相电压指示升高，电压表指针随故障发展而摆动。

③ 弧光性接地，接地相电压表指针摆动较大，非故障相电压指示升高。

2.处理步骤及注意事项

（1）处理步聚

① 属调度户应立即把接地故障情况报告上级调度所和地区变、配电站；属非调度户应报告上级地区变、配电站。

② 查找接地，原则上先检查变配电所内设备状况有无异常，判明接地点部位。检查重点是有无瓷绝缘损坏、小动物电死后未移开以及电缆终端头有无击穿现象等。

③ 如变、配电所内未查出故障点，在上级调度员或值班员的指令下可采用试拉各路出线开关的方法查故障。试拉各路时，可根据现场规程的规定，先拉三级负荷，对一、二负荷尽可能可能采取倒路方式维持运行。

④ 如试拉出线开关时，发现故障发生在电缆出线，应及时报告有关领导或部门查处。

⑤ 如试拉出线开头，发现接地故障发生在出线架空线路上，应报告有关领导或部门沿线查找，从速处理。

（2）注意事项

① 查找接地故障时，严禁用隔离开关直接断开故障点。

② 查找接地故障时，应由两人协同进行，并穿好绝缘服、戴绝缘手套、使用绝缘拉杆等安全用具，防止跨步电压伤人。

③ 系统接地运行时间不超过2h。

④ 通过拉路试验，确认与接地故障无关的回路应恢复运行，而故障路必须待故障消除后方可恢复运行。

十九、变压器的异常运行及事故处理

（1）值班人员发现运行中变压器有异常现象（如漏油、油枕内油面高度不够、温度不正常、声响不正常、瓷绝缘破损等）时，应设法尽快排除，并报告领导和记入值班运行记录簿。

（2）变压器运行中发生以下异常情况时，应立即停止运行。

① 变压器内部声音很大，很不均匀，有严重放电声和撞击声。

② 在正常冷却条件下，变压器温度不断上升。

③ 防爆管喷油。

④ 油色变化过甚，油内出现炭质。

⑤ 套管有严重的破损和放电现象。

（3）变压器过负荷超过允许值时，值班人员应及时调整和限制负荷。

（4）变压器油的温升超过许可限度时，值班人员应判别原因，采取措施使其降低，并检查：

① 温度表是否正常；

② 冷却装置是否良好；

③ 变压器室通风是否良好。

（5）变压器油面有显著降低时，应立即补油，并解除重瓦斯继电器所接的掉闸回路。因温度上升，油面升高时，如油面高出油位指示计限度，则应放油，使其液面降低，以免溢油。

（6）变压器的瓦斯、速断保护同时动作掉闸，未查明原因和消除故障之前，不得送电。

（7）变压器瓦斯保护信号装置动作时，应查明瓦斯继电信号装置动作的原因。

（8）变压器开关故障掉闸后，如检查证明不是由于内部故障引起的，则故障消除后可重新投入运行。

（9）变压器发生火灾，首先应将所有开关和刀闸拉开，并将备用变压器投入运行。

（10）变压器在运行中，当一次熔丝熔断后，应立即进行停电检查。检查内容应包括外部有无闪络、接地、短路及过负荷等现象，同时应摇测绝缘电阻。

二十、在高压设备二次系统上工作的安全要求

① 继电保护的试验和仪表的校验，一般应将设备停电，并按工作票执行。

②所有电流（压）互感器的二次线圈，都应有永久性的良好接地装置。

③电流互感器的二次侧不允许开路运行，开路运行会危及人身和设备的安全。

④电压互感器二次侧不准短路运行，短路运行会危及设备安全。

二十一　会读取变压器运行电流

高压出线柜（如211、221）的电流表，是主要反映该电路的负荷电流，也就是所控制的变压器的高压电流，在读数时首先应当与变压器的额定电流进行比较，并从三个分析电流：一判断变压器的运行状态，当电流为额定电流的60%～80%时为变压器运行的最佳状态；二检查三相电流的不平衡度，不得超过10%；三要与低压主进线柜（401、402等）电流值比较，根据变压器的工作原理，电流变比与电压变比是一样的，都符合0.4/10的1：25比例，一旦出现比例失调，不管是一相还是三相电流，不是1：25而是1：24或1：23，就可以确定变压器内部出现了故障。

高压联络柜的电流，是在双路供电电源采用一用一备的时候，一路电源带全站的负荷，联络柜上的开关担负着另一侧母线的负荷（如1#电源供电时担负5#母线的电流，或2#电源供电时担负4#母线的电流）。这时联络柜电流与主进线柜（201或202）电流及另一侧母线所带的出线柜有着重要的关系，根据这个特点，可以在联络开关245合闸运行后，掌握另一侧母线的负荷电流运行状态。例如1#电源带1T、2T运行，2#电源备用，这时201柜反应的是1T和2T的运行电流，245柜反映的是2T的运行电流，而这个电流等于221柜电流。

变压器的低压电流应在低压主进线柜401或402上读取，这个电流也是低压负荷电流。低压负荷电流与变压器二次额定电流值比较，用以确定变压器运行状态，检查三相负载电流的平衡度不应超出标准，当两台变压器并列运行时，还要查看两台变压器的电流分配是否合理。

二十二　在高压设备二次系统上工作的安全要求

①继电保护的试验和仪表的校验，一般应将设备停电，并按工作票执行。

②所有电流（压）互感器的二次线圈，都应有永久性的良好接地装置。

③电流互感器的二次侧不允许开路运行，开路运行会危及人身和设备的安全。

④电压互感器二次侧不准短路运行，短路运行会危及设备安全。

二十三　在高压设备二次系统维护工作中的注意事项

（1）运行值班人员应熟悉继电保护装置的种类、工作原理、保护特性、保护范围、整定值。

（2）继电保护装置和自动装置，不能任意投入、退出或变更定值。凡带有电压的电气设备，不允许处于无保护状态下运行。

（3）凡需投入、退出继电保护装置，都应在接到调度或有关上级主管负责人的通知和命令后执行。

（4）凡需改变继电保护整定值时，都应取得继电保护专业人员的许可。

（5）继电保护装置在运行中有异常情况时，应加强监视，并立即报告主管负责人。

（6）运行值班人员对继电保护装置的操作一般只允许：

① 接通和断开保护压板；

② 切换转换开关；

③ 装、卸熔断器的熔丝。

（7）检修工作中，凡涉及供电部门定期检验的继电保护装置时，都应有与现场设备相符合的图纸为依据，不允许凭记忆进行。

（8）继电保护运行中的各种操作，必须有两人进行。

（9）摇测高压二次回路的绝缘电阻，选用1000V的兆欧表。交流二次回路中每一个电气连接回路，绝缘电阻不低于1MΩ；全部直流回路，绝缘电阻不低于0.5MΩ；在摇测二次回路绝缘电阻时，应注意尽量减少拆线数量，但电源和地线必须断开。

第七章 高压柜与倒闸操作

第一节 倒闸操作要求

一、倒闸操作的定义

倒闸操作主要是指拉开或合上断路器或隔离开关，拉开或合上直流操作回路，拆除和装设临时接地线及检查设备绝缘等。它直接改变电气设备的运行方式，是一项重要而又复杂的工作。如果发生错误操作，就会导致发生事故或危及人身安全。

倒闸操作就是将电气设备由一种状态转换到另一种状态，即接通或断开断路器、隔离开关、直流操作回路、推入或拉出小车断路器、投入或退出继电保护、给上或取下二次插件以及安装和拆除临时接地线等操作。

二、倒闸操作的安全技术要求

倒闸操作的安全要求有以下几点。

（1）倒闸操作应由两人进行，一人操作，一人监护。特别重要和复杂的倒闸操作，应由电气负责人监护，高压倒闸操作应戴绝缘手套，室外操作应穿绝缘靴、戴绝缘手套。

（2）重要的或复杂的倒闸操作，值班人员操作时，应由值班负责人监护。

（3）倒闸操作前，应根据操作票的顺序在模拟板上进行核对性操作。操作时，应先核对设备名称、编号，并检查断路设备或隔离开关的原拉、合位置与操作票所写的是否相符。操作中，应认真监护、复诵，每操作完一步即应由监护人在操作项目前划"√"。

（4）操作中发生疑问时，必须向调度员或电气负责人报告，弄清楚后再进行操作。不准擅自更改操作票。

（5）操作电气设备的人员与带电导体应保持规定的安全距离，同时应穿防护工作服和绝缘靴，并根据操作任务采取相应的安全措施。

① 如逢雨、雪、大雾天气在室外操作，无特殊装置的绝缘棒及绝缘夹钳禁止使用，雷电时禁止室外操作。

② 装卸高压保险时，应戴防护镜和绝缘手套，必要时使用绝缘夹钳并站在绝缘垫或绝缘台上。

（6）在封闭式配电装置进行操作时，对开关设备每一项操作均应检查其位置指示装置是否正确，发现位置指示有错误或怀疑时，应立即停止操作，查明原因、排除故障后方可继续操作。

（7）停送电操作顺序要求如下。

① 送电时应从电源侧逐向负荷侧，即先合电源侧的开关设备，后合负荷侧的开关设备。

② 停电时应从负荷侧逐向电源侧，即先拉负荷侧的开关设备，后拉电源侧的开关设备。

③ 严禁带负荷拉、合隔离开关，停电操作应按先分断断路器，后分断隔离开关，先断负荷侧隔离开关，后断电源侧隔离开关的顺序进行；送电操作的顺序与此相反。

④ 变压器两侧断路器的操作顺序规定如下：停电时，先停负荷侧断路器，后停电源侧断路器；送电时顺序相反。变压器并列操作中应先并合电源侧断路器，后并合负荷侧断路器；解列操作顺序相反。

（8）双路电源供电的非调度用户，严禁并路倒闸。

（9）倒闸操作中，应注意防止通过电压互感器、所用变压器、微机、UPS等电源的二次侧返送电源到高压侧。

三、电气设备运行中各状态的定义

电气设备运行状态有四种，为了安全管理四种状态有明确的定义；四种状态开关位置如图7-1所示。

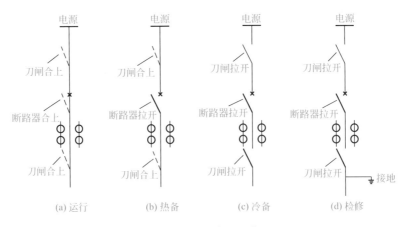

图7-1　四种状态开关位置

（1）运行状态　是指某个电路中的一次设备（隔离开关和断路器）均处于合闸位置，电源至受电端的电路得以接通而呈运行状态。

（2）热备用状态　是指某电路中的断路器已断开，而隔离开关（隔离电器）仍处于合闸位置。

（3）**冷备用状态**　是指某电路中的断路器及隔离开关（隔离电器）均处于断开位置。

（4）**检修状态**　是指某电路中的断路器及隔离开关均已断开，同时按照保证安全的技术措施的规定悬挂了临时接地线（或合上了接地刀闸），并悬挂标示牌和装设好临时遮栏，处于停电检修的状态。

四、倒闸操作票应填写的内容

倒闸操作票应填写的内容有：

① 分、合断路器；

② 分、合隔离开关；

③ 断路器小车的拉出、推入；

④ 检查开关和刀闸的位置；

⑤ 检查带电显示装置指示；

⑥ 投入或解除自投装置；

⑦ 检验是否确无电压；

⑧ 检查接地线是否装设或拆除；

⑨ 装、拆临时接地线；

⑩ 挂、摘标示牌；

⑪ 检查负荷分配；

⑫ 安装或拆除控制回路或电压互感器回路的保险；

⑬ 切换保护回路；

⑭ 检查电压是否正常。

五、供电系统中的倒闸操作

供电系统各式各样，但倒闸操作的原则是一样的。

① 停电操作时，按电源分应先停低压，后停高压；按开关分应先拉开断路器，然后拉开隔离开关。如断路器两侧各装一组隔离开关，当拉开断路器后，应先拉开负荷侧（线路侧）隔离开关，再拉开电源侧隔离开关。合闸送电时，操作顺序与此相反。

② 拉开三相单级隔离开关或配电变压器高压跌落式熔断器时，应先拉开中相，然后拉开处于下风的边相，最后再拉开另一边相。合三相单级隔离开关或配电变压器高压跌落式熔断器时，操作顺序与此相反。

③ 在装设临时携带型接地线时，经检验确实无电压后应先接接地端，后接导体端。拆除时，应先拆导体端，后拆接地端。

④ 配电变压器停送电操作顺序：停电时先停负荷侧，然后停电源侧；送电时先送电源侧，送负荷侧。

⑤ 低压停电时应先停补偿电容器组，再停低压负荷，以防止电容器组没有退出的情况下负荷已经减下，出现过补偿现象。

六、执行倒闸操作的方法

在执行倒闸操作时，值班人员接到倒闸操作的命令且经复述无误后，应按下列步骤及顺序进行：

① 操作准备，必要时应与调度联系，明确操作目的、任务和范围，商议操作方案，草拟操作票，准备安全用具等；

② 正值班员传达命令，正确记录并复述核对；

③ 操作人填写操作票；

④ 监护人审查操作票；

⑤ 操作人、监护人签字；

⑥ 操作前，应根据操作票内容和顺序在模拟图板上进行核对性模拟操作，监护人在操作票的操作项目右侧内打蓝色"√"；

⑦ 按操作项目、顺序逐项核对设备的编号及设备位置；

⑧ 监护人下达操作命令；

⑨ 操作人复述操作命令；

⑩ 监护人下达"准备执行"命令；

⑪ 操作人按操作票的操作顺序进行倒闸操作；

⑫ 共同检查操作电气设备的结果，如断路器、刀闸的开闭状态、信号及仪表变化等；

⑬ 监护人在该操作项目左端格内打红色"√"；

⑭ 整个操作项目全部完成后，向调度回"已执行"令；

⑮ 按工作票指令时间开始操作，按实际完成时间填写操作终了时间；

⑯ 值班负责人、值班长签字并在操作票上盖"已执行"令印；

⑰ 操作票编号、存档；

⑱ 清理现场。

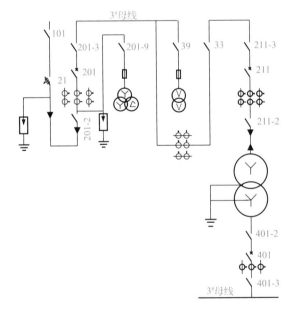

图7-2 单母线不分段为3#母线

七、调度操作编号的作用

为了便于倒闸操作，避免对设备理解的错误，防止误操作事故的发生，凡属变、配电所变压器、高压断路器、高压隔离开关、自动开关、母线等电气设备，均应进行统一调度操作编号。调度操作编号有母线编号、断路器编号、隔离开关编号、特殊设备编号及部分。

1.母线类编号

① 单母线不分段为3#母线，如图7-2所示。

② 单母线分段或双母线为4#母线和5#母线，如图7-3所示。

母线的段是指供电线段，不分段母线是由一个电源供电，分段母线是由两个电源供电，4#母线为一号电源供电，5#母线为二号电源供电。

2.断路器编号

用三个数字表示断路器的位置和功能

（1）10kV，字头为2。进线或变压器开关为01、02、03…（如201为10kV的1路开关或1#变压器总开关）。

出线开关为11、12、13…（如211为10kV的4#母线上的出线开关）；21、22、23…（如222为10kV的5#母线上的第2个出线开关）。

（2）6kV，字头为6。进线或变压器开关为01、02、03…（如601为6kV的1路进线开关或1#变压器总开关）。

出线开关为11、12、13…（如612为6kV的4#母线上的第二台开关）；21、22、23…（如621为6kV的5#母线上的第一台开关）。

（3）0.4kV，字头为4。进线或变压器开关为01、02、03…（如401为0.4kV的1路进线开关或1#变压器总开关）。

出线开关为11、12、13…（如411为0.4kV的4#母线上的开关）；21、22、23…（423为0.4kV的5#母线上的第3个开关）。

（4）联络开关，字头与各级电压的代号相同，后面两个数字为母线号，如：

① 10kV的4#和5#母线之间的联络开关为245；

② 6kV的4#和5#母线之间的联络开关为645；

③ 0.4kV的4#和5#母线之间的联络开关为445。

3.隔离开关编号

① 线路侧和变压器侧为2，如201-2、211-2、401-2…

② 母线侧随母线号，如201-4、211-4、221-5、402-5…

③ 电压互感器隔离开关为9，前面加母线号或断路器号。如：201-49为4#母线上电压互感器隔离开关（旧标为49）；201-9为201开关线路侧电压互感器隔离开关。

④ 避雷器隔离开关为8，原则与电压互感器隔离开关相同。

⑤ 电压互感器与避雷器合用一组隔离开关时，编号与电压互感器隔离开关相同。

⑥ 所用变压器隔离开关为0，前面加母线号或开关号。如：40为4#母线上所用变压器的隔离开关。

⑦ 线路接地隔离开关为7，前面加断路器号，如211-7为出线开关211线路侧接地隔离开关。

4.几种设备的特殊编号

（1）与供电局线路衔接处的第一断路隔离开关（位于供电局与用户产权分界电杆上方），在10kV系统中编号为101、102、103…

（2）跌开式熔断器在10kV系统中编号为21、22、23…

（3）10kV系统中的计量柜上装有隔离开关一台或两台，编号可参考以下原则。

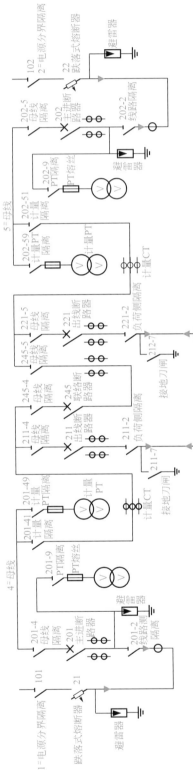
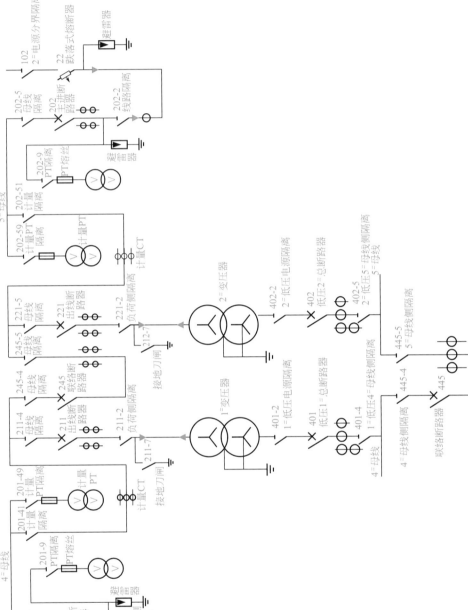

图7-3　母线和开关位置编号含义

① 接通与断开本段母线用的隔离开关4#母线上的为201-41（旧标为44）；5#母线上的为202-51（旧标为55）；3#母线上的为201-31（旧标为33）。

② 计量柜中电压互感器隔离开关直接连接母线上的为201-39、201-49、202-59。

5.高压负荷开关的编号

高压负荷开关在系统中用于变压器的通断控制，其编号同于断路器。

6.移开式高压开关柜、抽出式低压配电柜的调度操作编号命名规定

（1）10 kV移开式高压开关柜中断路器两侧的高压一次隔离触头相当于固定高压开关柜母线侧、线路侧的高压隔离开关，但不再编号。而进线的隔离手车仍应编号，开关编号同前。

（2）抽出式低压配电柜的馈出路采用一次隔离触头，而无刀开关，应以纵向排列顺序编号，面向柜体从电源侧向负荷侧顺序编号，如4#母线的1#柜，从上到下依次为411-1、411-2、411-3…，其余类同。

现在越来越多的10kV用户变电站都采用电缆进户方式，电源前方为供电局开闭站。作为运行值班人员，应对开闭站的操作编号规律有所了解。

7.供电局开闭站开关操作编号

电源进线开关：1-1，2-1，3-1。

出线开关第一路电源出线1-2、1-3、1-4、1-5；第二路电源出线2-2、2-3、2-4、2-5。

八、填写操作票的用语

操作票的用语不可以随意的填写，应使用标准术语，操作任务采用调度操作编号下令，操作票每一个项目栏只准填写一个操作内容。

1.固定式高压开关柜倒闸操作标准术语

（1）高压隔离开关的拉合

① 合上　例：合上201-2（操作时应检查操作质量，但不填票）。

② 拉开　例：拉开201-2（操作时应检查操作质量，但不填票）。

（2）高压断路器拉合

① 合上　分为两个序号项目栏填写，例如：a. 合上201；b. 检查201应合上。

② 拉开　分为两个序号项目栏填写，例如：a. 拉开201；b. 检查201应拉开。

（3）全站由运行转检修的验电、挂地线　验电、挂地线的具体位置以隔离开关位置为准（图7-4），称"线路侧"、"断路器侧"、"母线侧"、"主变侧"。

例：①在201-2线路侧验电确无电压；

②在201-2线路侧挂1#地线。

（4）全站由检修转运行时拆地线

例：① 拆201-2线路侧1#地线；

② 检查待恢复供电范围内接地线，短路线已拆除。

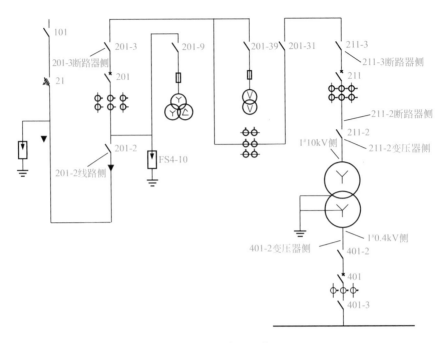

图7-4　隔离开关位置

（5）出线开关由运行转检修验电、挂地线

例：① 在211-4开关侧验电应无电；

② 在211-4开关侧挂1#接地线；

③ 在211-2开关侧验电应无电；

④ 在211-2开关侧挂2#接地线；

⑤ 取下211操作保险；

⑥ 取下211合闸保险（CDIO）。

（6）出线开关由检修转运行拆地线

例：① 拆211-4开关侧1#地线；

② 拆211-2开关侧2#地线；

③ 检查待恢复供电范围内接地线，短路线已拆除；

④ 给上211操作保险；

⑤ 给上211合闸保险（CDIO）。

（7）配电变压器由运行转检修验电、挂地线

例：① 在1T 10kV侧验电应无电；

② 在1T 10kV侧挂1#地线；

③ 在1T 0.4kV侧验电应无电；

④ 在1T 0.4kV侧挂2#地线。

（8）配电变压器由检修转运行拆地线

例：① 拆1T 10kV侧1#接地线；

② 拆1T 0.4kV侧2#接地线；

③ 检查待恢复供电范围内接地线，短路线已拆除。

2.手车式高压开关柜倒闸操作标准术语

（1）手车式开关柜的三个工况位置

① 工作位置　指小车上、下侧的插头已经插入插嘴（相当于高压隔离开关合好），开关拉开，称热备用，开关合上，称运行。

② 试验位置　指小车上、下插头离开插嘴，但小车未全部拉至柜外，二次回路仍保持接通状态，称为冷备用。

③ 检修位置　指小车已全部拉至柜外，一次回路和二次回路全部切断。

（2）小车式断路器操作术语——"推入"、"拉至"

　　例：将211小车推入试验位置；

　　　　将211小车推入工作位置；

　　　　将211小车拉至试验位置；

　　　　将211小车拉至检修位置。

（3）小车断路器二次插件种类及操作术语

① 二次插件种类　当采用CD型直流操作机构时，有控制插件、合闸插件、TA插件；当采用CT型交流操作机构时，有控制插件、TA插件。

② 操作术语"给上"、"取下"。

九、变配电室的开关的操作

变配电室的开关有两类用户是不能操作的：一类是分界刀闸101、102；另一类是计量柜的刀闸44（新201-41）、49（新201-49）、55（新202-51）、59（新205-59），当发现异常需要操作时，应及时向供电管理部门说明情况，由供电管理部门处理。

第二节　10kV固定式开关柜特征和倒闸操作

一、固定式开关柜介绍

固定式开关柜的型号是GG-1A（F），这种固定式高压开关柜柜体宽敞，内部空间大，间隙合理、安全，具有安装、维修方便，运行可靠等特点，主回路方案完整，可以满足各种供配电系统的需要。固定式高压开关柜其特点是有上下隔离开关，断路器固定在柜子中间，体积大，有观察设备状态的窗口。隔离开关与断路器之间装有联锁机构，合闸时先合上隔离开关，再合下隔离开关，最后合断路器。拉闸时先拉断路器，再拉下隔离开关，最后拉上隔离开关。

GG-1A（F）型固定式高压开关柜是GG-1A型高压开关柜的改型产品，具有"五防"功能；高压开关柜适用于三相交流50Hz、额定电压3.6～12kV的单母线系统，作为接受和分配电能之用。高压开关柜内主开关为真空断路器和少油断路器。GG1A开关柜外形如图7-5所示，构造图如图7-6所示。

图7-5 GG1A开关柜外形

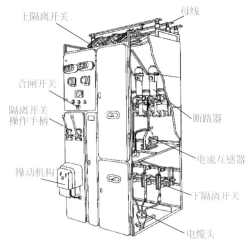

图7-6 GG1A开关柜构造

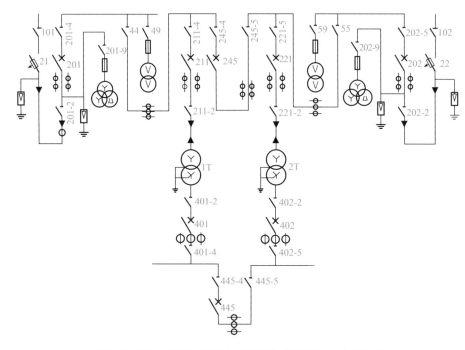

图7-7 10kV双电源单母线分段固定式开关柜一次系统图

以图7-7为例的10kV双电源单母线固定式开关柜一次系统常用操作票为例介绍如下。

二、10kV固定式开关柜倒闸操作票（一）

操作任务：全站送电操作（冷备用）。

运行方式为：1[#]电源带1T运行，2[#]电源带2T运行。

如图7-8所示为操作票（一）操作后的运行状态，操作前的状态如图7-3所示。

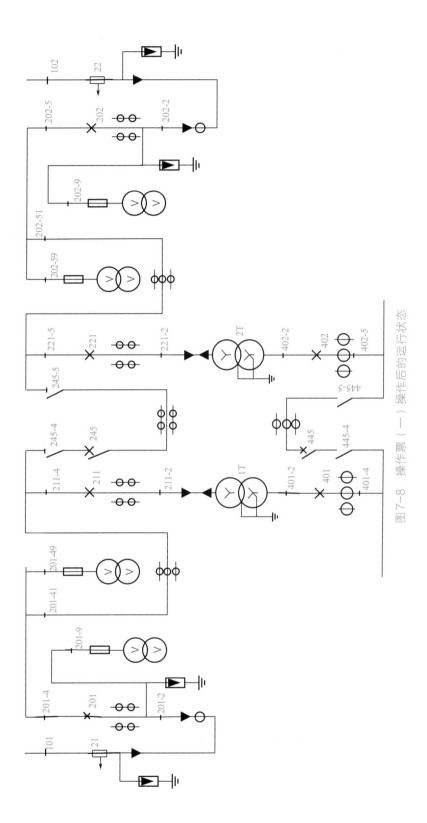

图7-8 操作票（一）操作后的运行状态

√	操作顺序	操作项目	√	操作顺序	操作项目
	1	查201、211、245、221、202确在断开位置		22	合上202-2
	2	合上21		23	合上202-9
	3	合上201-2		24	查2#电源10kV电压正常
	4	合上201-9		25	合上202-5
	5	查1#电源10kV电压正常		26	合上202开关
	6	合上201-4		27	查202确已合上
	7	合上201开关		28	合上221-5
	8	查201确已合上		29	合上221-2
	9	合上211-4		30	查402确在断开位置
	10	合上211-2		31	合上221开关
	11	查401、445确在断开位置		32	查221确已合上
	12	合上211开关		33	听2T变压器声音，充电3min
	13	查211确已合上		34	合上402-2
	14	听1T变压器声音，充电3min		35	查2T 0.4kV电压正常
	15	合上401-2		36	合上402-5
	16	查1T0.4kV电压正常		37	合上402开关
	17	合上401-4		38	查402确已合上
	18	合上401开关		39	合上低压5#母线侧负荷
	19	查401确已合上		40	全面检查操作质量，操作完毕
	20	合上低压4#母线侧负荷		41	
	21	合上22		42	
操作人			监护人		

本题要点：

① 全站停电（冷备用）时户外跌落熔断器是拉开的；

② 注意运行方式为分列运行，1#电源带1T运行即201、211、401合上，2#电源带2T运行即202、221、402合上，245、445应拉开；

③ 送电时注意检查电源电压是否正常。

三、10kV固定式开关柜倒闸操作票（二）

操作任务：全站送电操作（冷备用）。

运行方式为：1#电源带1T全负荷运行方式，2#电源2T备用。

如图7-9所示为操作票（二）操作后的运行状态，操作前的状态如图7-3所示。

高压电工上岗技能一本通（双色版）

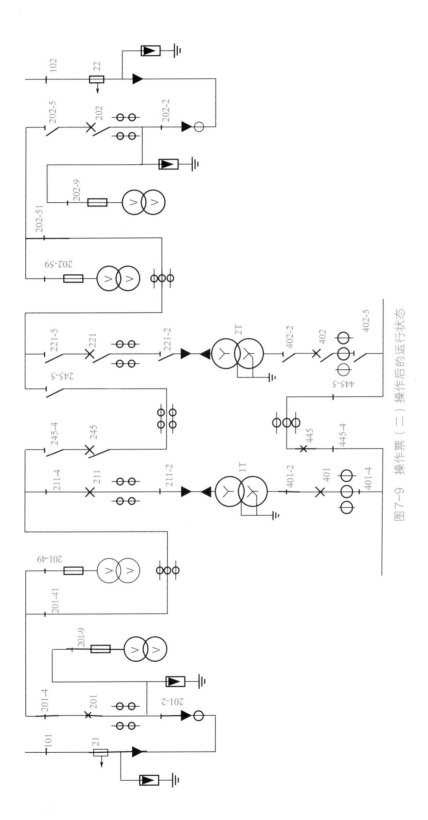

图7-9 操作票（二）操作后的运行状态

√	操作顺序	操作项目	√	操作顺序	操作项目
	1	查201、211、245、221、202确在断开位置		19	查401确已合上
	2	合上21		20	合上445-4
	3	合上201-2		21	合上445-5
	4	合上201-9		22	合上445开关
	5	查1#电源10kV电压正常		23	合上低压各出线开关
	6	合上201-4		24	合上低压电容器组开关
	7	合上201开关		25	合上22
	8	查201确已合上		26	合上202-2
	9	查401、445、402确在断开位置		27	合上202-9
	10	合上211-4		28	查2#电源10kV电压正常
	11	合上211-2		29	全面检查操作质量，操作完毕
	12	合上211开关		30	
	13	查211确已合上		31	
	14	听1T变压器声音，充电3min		32	
	15	合上401-2		33	
	16	查1T 0.4kV电压正常		34	
	17	合上401-4		35	
	18	合上401开关		36	
操作人			监护人		

操作要点：

① 全站停电时，户外跌落熔断器是拉开的；

② 运行方式为201受电带4#母线，211、401、445合上，202、245、221、402拉开（冷备用）；

③ 送电时注意检查电源电压；

④ 应先合运行电路电源将电源送出，后合备用电路电源。

四、10kV固定式开关柜倒闸操作票（三）

操作任务：全站停电操作。

运行方式为：1#电源带1T、2T并列全负荷运行方式，2#电源备用。

如图7-10所示为操作票（三）操作后的运行状态。

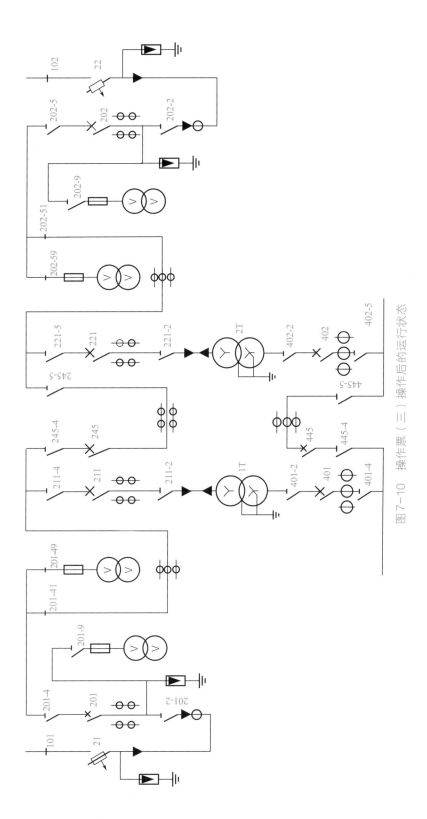

图7-10 操作票（三）操作后的运行状态

√	操作顺序	操 作 项 目	√	操作顺序	操 作 项 目
	1	停低压电容器组		22	拉开 245-4
	2	停低压各出线开关		23	拉开 211 开关
	3	拉开 445 开关		24	查 211 确已拉开
	4	查 445 确已拉开		25	拉开 211-2
	5	拉开 445-4		26	拉开 211-4
	6	拉开 445-5		27	拉开 201 开关
	7	拉开 402 开关		28	查 201 确已拉开
	8	查 402 确已拉开		29	拉开 201-4
	9	拉开 402-5		30	拉开 201-9
	10	拉开 402-2		31	拉开 201-2
	11	拉开 401 开关		32	拉开 202-9
	12	查 401 确已拉开		33	拉开 202-2
	13	拉开 401-4		34	拉开 21
	14	拉开 401-2		35	拉开 22
	15	拉开 221 开关		36	全面检查操作质量，操作完毕
	16	查 221 确已拉开		37	
	17	拉开 221-2		38	
	18	拉开 221-5		39	
	19	拉开 245 开关		40	
	20	查 245 确已拉开		41	
	21	拉开 245-5		42	
操作人			监护人		

操作要点：

① 全站停电时，户外跌落熔断器应拉开的；

② 原运行方式为 201 受电带 4#、5# 母线，201、211、245、221、401、445、402 合上，202 拉开；

③ 停电时应先停电容器组，后停负荷，以防负荷突变电容器过补偿；

④ 注意备用电源也要停电。

五、10kV固定式开关柜倒闸操作票（四）

操作任务：全站停电操作（冷备用）。

运行方式为：2# 电源带 1T、2T 分列运行方式，1# 电源备用。

如图 7-11 所示为操作票（四）操作前的运行状态，操作后的状态如图 7-3 所示。

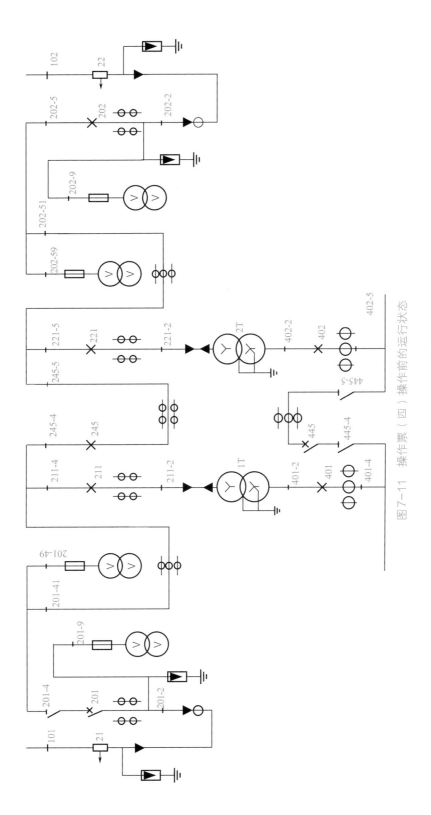

图 7-11 操作票（四）操作前的运行状态

√	操作顺序	操作项目	√	操作顺序	操作项目
	1	停侧低压电容器组		19	拉开221
	2	停低压各出线开关		20	查221确已拉开
	3	拉开401开关		21	拉开221-2
	4	查401确已拉开		22	拉开221-5
	5	拉开401-4		23	拉开202
	6	拉开401-2		24	查202确已拉开
	7	拉开402开关		25	拉开202-5
	8	查402确已拉开		26	拉开202-9
	9	拉开402-5		27	拉开202-2
	10	拉开402-2		28	拉开201-9
	11	拉开211开关		29	拉开201-2
	12	查211确已拉开		30	拉开21
	13	拉开211-2		31	拉开22
	14	拉开211-4		32	全面检查操作质量，操作完毕
	15	拉开245		33	
	16	查245确已拉开		34	
	17	拉开245-4		35	
	18	拉开245-5		36	
操作人			监护人		

操作要点：

① 全站停电时，户外跌落熔断器应拉开的；

② 原运行方式为202受电带4#、5#母线，221、245、211、401、402合上，201、445拉开（冷备用）；

③ 停电时应先停电容器组，后停负荷，以防负荷突变电容器过补偿；

④ 注意备用电源也要停电。

六、10kV固定式开关柜倒闸操作票（五）

操作任务：全站由检修转运行。

运行方式为：2#带2T全负荷，1#电源1T备用。

如图7-12所示为操作票（五）操作后的运行状态。

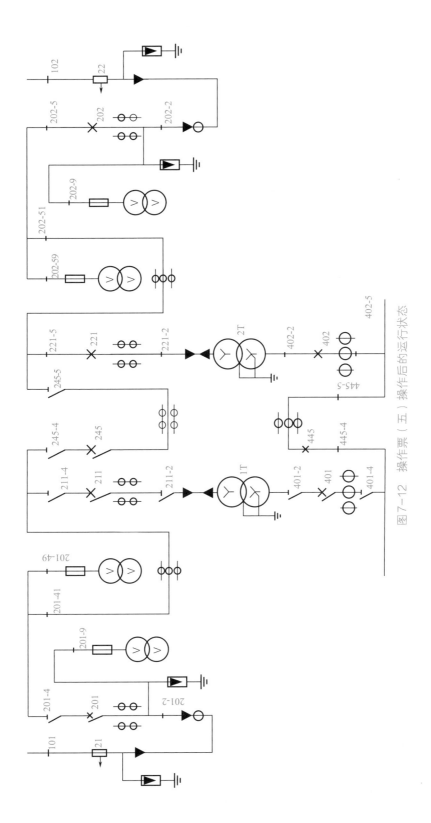

图7-12 操作票（五）操作后的运行状态

√	操作顺序	操作项目	√	操作顺序	操作项目
	1	拆202-2线路测接地线		19	合上402-2
	2	取下202-2手柄上"禁止合闸，有人工作"、"已接地"标示牌		20	查2T0.4kV电压应正常
	3	拆201-2线路测接地线		21	合上402-5
	4	取下201-2手柄上"禁止合闸，有人工作"、"已接地"标示牌		22	合上402开关
	5	查201、211、245、221、202确在断开位置		23	查402确已合上
	6	合上22		24	合上445-5
	7	合上202-2		25	合上445-4
	8	合上202-9		26	查401应拉开
	9	查2#电源10kV电压正常		27	合上445开关
	10	合上202-5		28	查445确已合上
	11	合上202开关		29	合上低压各出线开关
	12	查202确已合上		30	合上低压电容器组开关
	13	合上221-5		31	合上21
	14	合上221-2		32	合上201-2
	15	查402、445应在断开位置		33	合上201-9
	16	合上221开关		34	查1#电源10kV电压正常
	17	查221确已合上		35	全面检查操作质量，操作完毕
	18	听2T声音正常，充电3min		36	
操作人			监护人		

操作要点：

① 命令是检修后送电操作，应拆除接地线，取下标示牌；

② 检查待恢复供电范围内的开关应在断开位置；

③ 运行方式为202受电带5#母线，221、402、445合上，201、211、245、401拉开（冷备用）；

④ 送电时应检查电压应正常。

七、10kV固定式开关柜倒闸操作票（六）

操作任务：全站由运行转检修。

运行方式为：1#电源带1T、2T并列全负荷，2#电源备用。

如图7-13所示为操作票（六）操作后的状态。

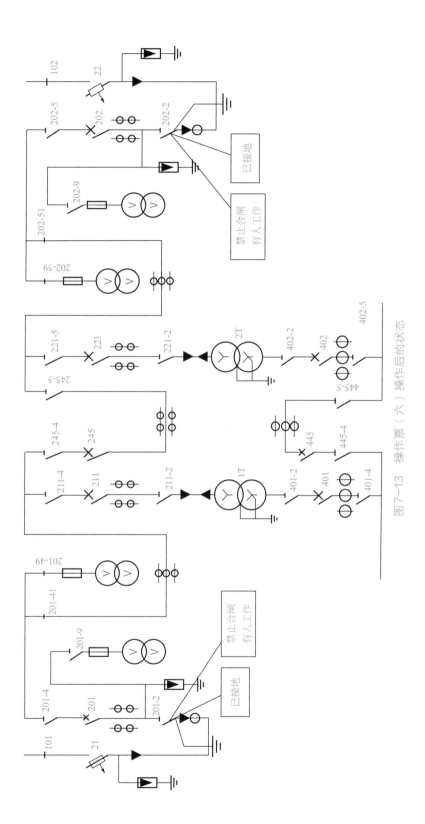

图7-13 操作票（六）操作后的状态

√	操作顺序	操 作 项 目	√	操作顺序	操 作 项 目
	1	拉开低压电容器组开关		22	拉开245-4
	2	拉开低压负荷开关		23	拉开211开关
	3	拉开445开关		24	查211确已拉开
	4	查445确已拉开		25	拉开211-2
	5	拉开445-4		26	拉开221-4
	6	拉开445-5		27	拉开201开关
	7	拉开402开关		28	查201确已拉开
	8	查402确已拉开		29	拉开201-4
	9	拉开402-5		30	拉开201-9
	10	拉开402-2		31	拉开201-2
	11	拉开401开关		32	拉开202-9
	12	查401确已拉开		33	拉开202-2
	13	拉开401-4		34	拉开21
	14	拉开401-2		35	在201-2线路侧应无电压
	15	拉开221开关		36	在201-2线路侧挂1#接地线一组
	16	查221确已拉开		37	在201-2手柄上侧挂"禁止合闸，有人工作"、"已接地"标示牌
	17	拉开221-2		38	拉开22
	18	拉开221-5		39	在202-2线路侧应无电压
	19	拉开245开关		40	在202-2线路侧挂2#接地线一组
	20	查245确已拉开		41	在202-2手柄上挂"禁止合闸，有人工作"、"已接地"标示牌
	21	拉开245-5		42	全面检查操作质量，操作完毕
操作人			监护人		

操作要点：

① 停电检修时应先停电，再验电，挂接地线，挂标示牌；

② 注意备用电源也要停电，停电时应先将变压器解列，不要先断开一个变压器，以防电流突变。

八、10kV固定式开关柜倒闸操作票（七）

操作任务：1T由运行转备用，2T由备用转运行（不停负荷倒变压器）。

运行方式为：1#电源带1T全负荷运行，2#电源2T备用，倒为2T运行1T备用。

如图7-14所示为操作票（七）操作前的状态。

高压电工上岗技能一本通（双色版）

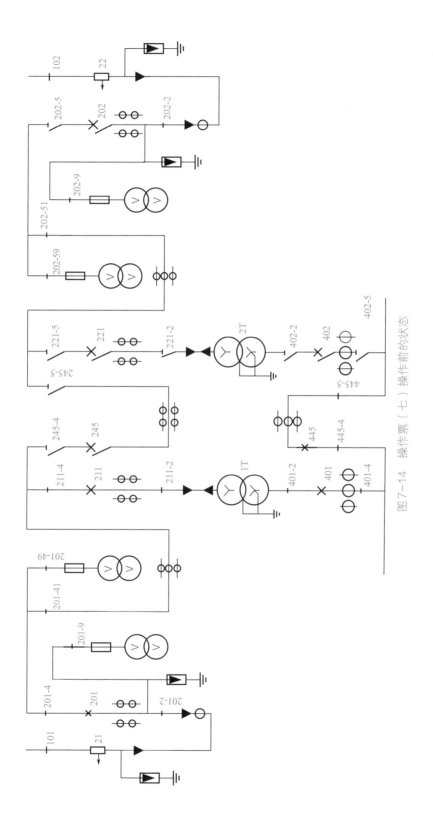

图7-14 操作票（七）操作前的状态

√	操作顺序	操作项目	√	操作顺序	操作项目
	1	查2T应符合并列条件		19	拉开401开关
	2	查245、221、202确在断开位置		20	查401确已拉开
	3	合上245-4		21	查2T电流应正常
	4	合上245-5		22	拉开401-4
	5	合上245开关		23	拉开401-2
	6	查245确已合上		24	拉开211开关
	7	合上221-5		25	查211确已拉开
	8	合上221-2		26	拉开211-2
	9	查402确在断开位置		27	拉开211-4
	10	合上221开关		28	全面检查操作质量，操作完毕
	11	查221确已合上		29	
	12	听2T声音正常，充电3min		30	
	13	合上402-2		31	
	14	查2T 0.4kV电压正常		32	
	15	合上402-5		33	
	16	合上402开关		34	
	17	查402确已合上		35	
	18	查负荷电流分配		36	
操作人			监护人		

操作要点：

① 201受电带4#母线，211、401、445合上，202、245、221、402拉开（冷备用）；

② 操作前应检查2T应符合并列条件；

③ 操作后应检查电流的变化应正常；

④ 2T运行需要合上245开关，注意检查202开关应在断开位置；

⑤ 不停电倒变压器，应将备用的变压器并列，再将运行的变压器推出。

九、10kV固定式开关柜倒闸操作票（八）

操作任务：2#电源由运行转备用，1#电源由备用转运行（停电倒电源）。

运行方式为：2#电源带2T全负荷运行，1#电源1T备用，倒为1#电源2T运行、2#电源1T备用。

如图7-15所示为操作票（八）操作前的状态。

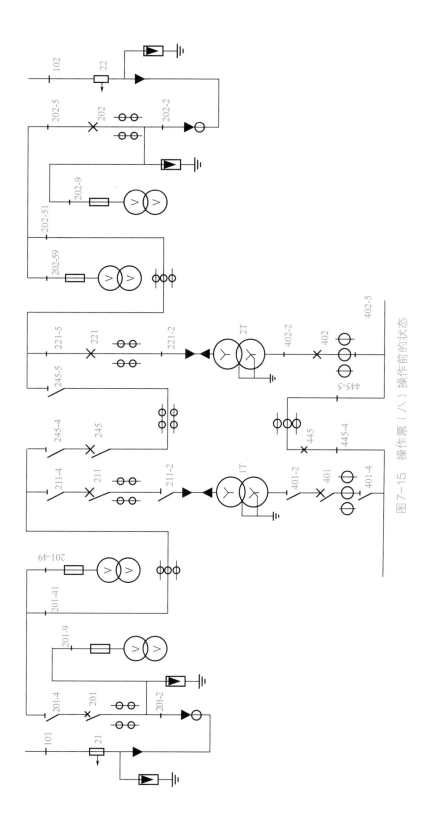

图7-15 操作票（八）操作前的状态

√	操作顺序	操作项目	√	操作顺序	操作项目
	1	拉开低压电容器组开关		23	合上 245-4
	2	拉开低压出线负荷开关		24	合上 245-5
	3	拉开 445 开关		25	合上 245 开关
	4	查 445 确已拉开		26	查 245 确已合上
	5	拉开 445-4		27	合上 221-5
	6	拉开 445-5		28	合上 221-2
	7	拉开 402 开关		29	合上 221 开关
	8	查 402 确已拉开		30	查 221 确已合上
	9	拉开 402-5		31	听 1T 声音正常，充电 3min
	10	拉开 402-2		32	合上 402-2
	11	拉开 221 开关		33	查 2T 0.4kV 电压应正常
	12	查 221 确已拉开		34	合上 402-5
	13	拉开 221-2		35	合上 402 开关
	14	拉开 221-5		36	查 402 确已合上
	15	拉开 202 开关		37	合上 445-5
	16	查 202 确已拉开		38	合上 445-4
	17	拉开 202-5		39	合上 445 开关
	18	查 1# 电源 10kV 应电压正常		40	查 445 确已合上
	19	查 201、211、245 确在断开位置		41	合上低压出线开关
	20	合上 201-4		42	合上低压电容器组开关
	21	合上 201 开关		43	全面检查操作质量，操作完毕
	22	查 201 确已合上			
操作人			监护人		

操作要点：

① 任务是停电倒电源；

② 原运行 202 受电带 5# 母线，221、402、445 合上，201、245、211、401 拉开（冷备用）；

③ 应先停运电源，后送备用电源。

十、10kV 固定式开关柜倒闸操作票（九）

操作任务：2T 由运行转检修（不停负荷）。

运行方式为：2# 电源带 1T、2T 分列运行，1# 电源备用。

如图 7-16 所示为操作票（九）操作后的状态。

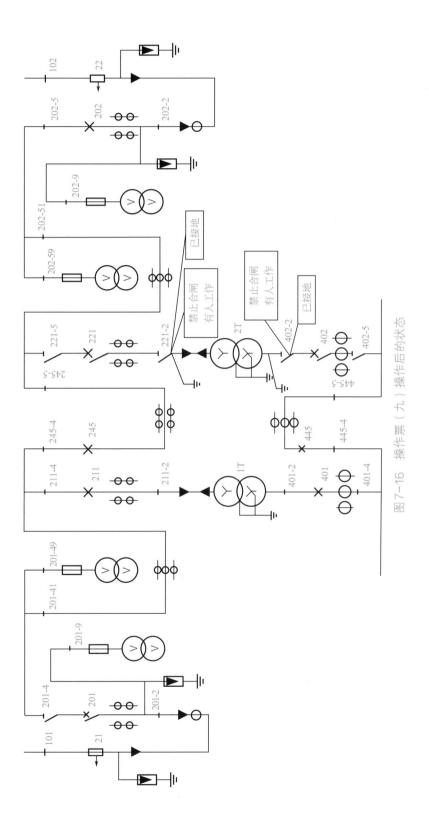

图7-16 操作票（九）操作后的状态

√	操作顺序	操 作 项 目	√	操作顺序	操 作 项 目
	1	查1T可带全负荷		19	在2T 0.4kV侧应无电压
	2	合上445-4		20	在2T 0.4kV侧挂2#接地线
	3	合上445-5		21	在402-2手柄上挂"禁止合闸，有人工作"、"已接地"标示牌
	4	合上445开关		22	全面检查操作质量，操作完毕
	5	查445确已合上		23	
	6	查负荷电流分配		24	
	7	拉开402开关		25	
	8	查402确已拉开		26	
	9	查1T电流应正常		27	
	10	拉开402-5		28	
	11	拉卡402-2		29	
	12	拉开221开关		30	
	13	查221确已拉开		31	
	14	拉开221-2		32	
	15	拉开221-5		33	
	16	在2T 10kV侧验应无电压		34	
	17	在2T 10kV侧挂1#接地线		35	
	18	在221-2手柄上挂"禁止合闸，有人工作"、"已接地"标示牌		36	
操作人			监护人		

操作要点：

① 原运行202受电带4#、5#母线，211、245、221、401、402合上，201、445拉开（冷备用）；

② 2#电源带1T、2T分列运行，2T由运行转检修应检查1T是否能带全负荷；

③ 原来两台变压器分列运行，2T检修5#母线的负荷要由1T供电，445开关应先合上，再停402；

④ 注意检查变压器电流变化。

十一、10kV固定式开关柜倒闸操作票（十）

操作任务：2T由检修转运行（与1T并列）。

运行方式为：1#电源带1T全负荷，2#电源备用。

如图7-17所示为操作票（十）操作前的状态。

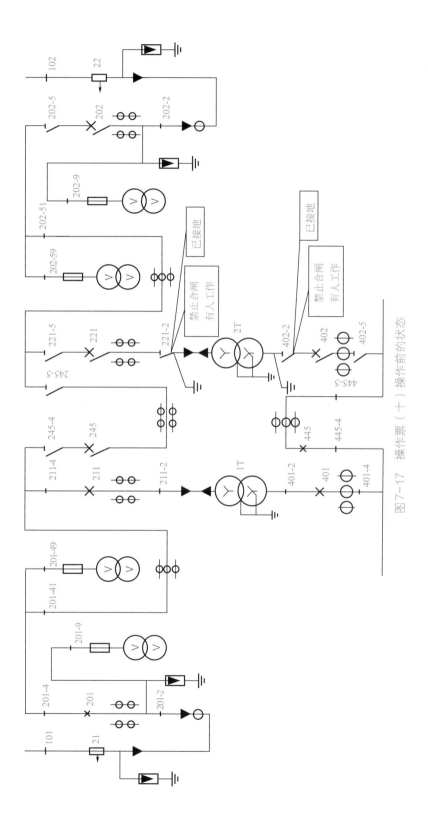

图7-17 操作票（十）操作前的状态

√	操作顺序	操作项目	√	操作顺序	操作项目
	1	拆2T 0.4kV侧接地线		18	查2T 0.4kV电压应正常
	2	取下402-2手柄上"禁止合闸，有人工作"、"已接地"标示牌		19	合上402-5
	3	拆2T 10kV侧接地线		20	合上402开关
	4	取下221-2手柄上"禁止合闸，有人工作"、"已接地"标示牌		21	查402确已合上
	5	查245、221、202确在断开位置		22	查电流分配应正常
	6	查2T应符合并列条件		23	全面检查操作质量，操作完毕
	7	合上245-4		24	
	8	合上245-5		25	
	9	合上245开关		26	
	10	查245确已合上		27	
	11	合上221-5		28	
	12	合上221-2		29	
	13	查402应在断开位置		30	
	14	合上221开关		31	
	15	查221确已合上		32	
	16	听2T声音正常，充电3min		33	
	17	合上402-2		34	
操作人			监护人		

操作要点：

① 变压器检修后转运行，应检查是否符合条件；

② 先拆除低压侧接地线，后拆除高压侧接地线；

③ 2T转运行5#母线要带电，注意检查5#母线侧的开关应在断开位置；

④ 2T并列后应检查电流分配是否正常；

⑤ 运行方式201受电带4#母线，211、401、445合上，202、221、245、402拉开（冷备用）。

十二、10kV固定式开关柜倒闸操作票（十一）

操作任务：221开关由运行转检修（不停负荷）。

运行方式为：1#电源带1T、2T并列全负荷，2#电源备用。

如图7-18所示为操作票（十一）操作后的状态。

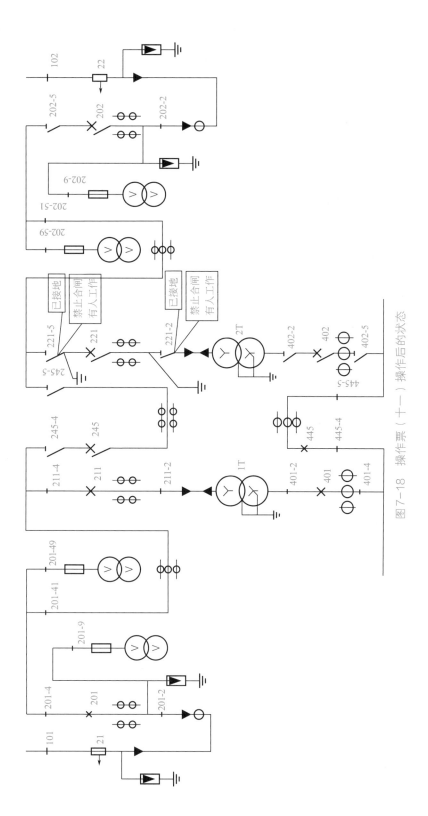

图7-18 操作票（十一）操作后的状态

√	操作顺序	操作项目	√	操作顺序	操作项目
	1	查1T是否可带全负荷		18	在221-2断路器侧挂接地线一组
	2	拉开402开关		19	在221-5手柄上挂"禁止合闸，有人工作"、"已接地"标示牌
	3	查402确已拉开		20	在221-2手柄上挂"禁止合闸，有人工作"、"已接地"标示牌
	4	查1T电流应正常		21	全面检查操作质量，操作完毕
	5	拉开402-5		22	
	6	拉开402-2		23	
	7	拉开221		24	
	8	查221确已拉开		25	
	9	拉开221-2		26	
	10	拉开221-5		27	
	11	拉开245开关		28	
	12	查245确已拉开		29	
	13	拉开245-5		30	
	14	拉开245-4		31	
	15	在221-5断路器侧应无电压		32	
	16	在221-5断路器侧挂接地线一组		33	
	17	在221-2断路器侧应无电压		34	
操作人			监护人		

操作要点：

① 原运行方式201受电带4#、5#母线，211、245、221、401、402合上，202、445拉开（冷备用）；

② 1#电源带1T、2T分列运行，221检修需要停2T，1T要带5#母线侧的负荷，应检查1T是否能带全负荷；

③ 先合上低压联络开关445，再拉开402开关，注意检查1T电流；

④ 221检修高压5#母线不应带电，所以联络开关245也要拉开。

十三、10kV固定式开关柜倒闸操作票（十二）

操作任务：211开关由检修转运行（与2T并列）。

运行方式为：2#电源带2T全负荷，1#电源备用。

如图7-19所示为操作票（十二）操作后的状态。

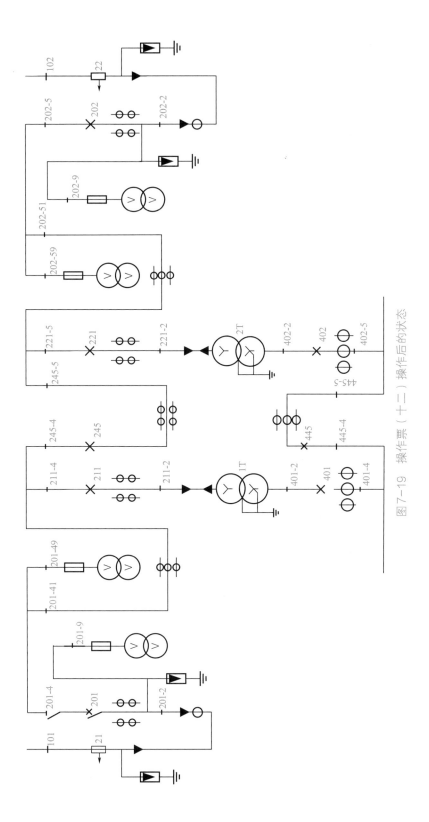

图7-19 操作票（十二）操作后的状态

√	操作顺序	操作项目	√	操作顺序	操作项目
	1	拆211-2断路器侧接地线		15	查211确已合上
	2	拆211-5断路器侧接地线		16	听1T声音正常，充电3min
	3	取下211-5手柄上"禁止合闸，有人工作"、"已接地"标示牌		17	合上401-2
	4	取下211-2手柄上"禁止合闸，有人工作"、"已接地"标示牌		18	查1T 0.4kV电压正常
	5	查245、211、201确在断开位置		19	合上401-4
	6	查1T应符合并列条件		20	合上401开关
	7	合上245-5		21	查401确已合上
	8	合上245-4		22	查负荷电流分配
	9	合上245开关		23	全面检查操作质量，操作完毕
	10	查245确已合上		24	
	11	合上211-4		25	
	12	合上211-2		26	
	13	查401确在断开位置		27	
	14	合上211开关		28	
操作人			监护人		

操作要点：

① 211开关由检修转运行实际是变压器投入运行，应检查是否符合并列条件；

② 1T运行需要4#母线带电，应检查245、211、201确在断开关位置；

③ 并列后检查电流分配应正常；

④ 原运行为202受电带5#母线，221、402、445合上，201、211、245、401拉开（冷备用）。

第三节　10kV移开式开关柜特征和倒闸操作

一、移开式开关柜操作特点

移开式开关柜型号有KYN型（图7-20）和JYN型（图7-21），柜体分为四个独立小室，即：断路器手车室、互感器手车室、母线室、电缆室、继电器仪表室。开关设备的二次线与断路器手车的二次线联结是通过手动二次插头来实现的。断路器手车只有在试验/断开位置时，才能插上和解除二次插头，断路器手车处于运行位置时，由于机械联锁作用，二次插头被锁定，不能解除。

图7-20　KYN型开关柜外观

图7-21　JYN型开关柜外观

根据用途不同手车分为断路器手车、电压互感器手车、计量柜手车、隔离手车。

断路器手车：车内装有断路器和操动机构，通过控制插头与二次控制回路连接，可以实现断路器的分合操作。检修时断路器手车可以全部拉出，如图7-22所示为JYN型开关柜断路器手车，如图7-23所示为KYN型开关柜断路器手车。

图7-22　JYN开关柜断路器手车

图7-23　KYN开关柜断路器手车

电压互感器手车：（201-9或202-9）与进线电源相连，手车上一般装有V/V接线的电压互感器和高压熔丝，电压互感器二次线通过控制插头与控制电路连接。更换互感器高压熔丝和检修时手车可以全部拉出，如图 7-24 所示为 KYN 开关柜互感器手车。

计量柜手车：（44 或 55，单电源是 33）是高压计量的专用装置，车内装有为计量专用的电流互感器和电压互感器，计量手车用户是无权操作的。

隔离手车：隔离手车是一种专门用于保证安全的隔离装置，隔离手车内没有任何电器，只有连接线，隔离手车拉出时线路彻底断开，如图 7-25 所示。

图 7-24　KYN 开关柜互感器手车

图 7-25　KYN 开关柜隔离手车

为了便于监视运行，开关柜装有三相带电显示装置。

为了防止温度和湿度变化较大的气候环境产生凝露带来的危险，在断路器和电缆室中特别装设加热器，以使开关柜在上述环境中使用时防止绝缘下降。

二、移开式开关柜的操作方法

移开式开关柜的操作与固定式开关柜确有不同的地方，移开式开关柜不像 GG1A 柜，它没有断路器两侧的隔离开关，利用手车隔离插头取代隔离开关，具有更加安全、杜绝误操作的功能。

以图 7-26 KYN 型开关柜断路器手车为例介绍各种功能和操作方法。

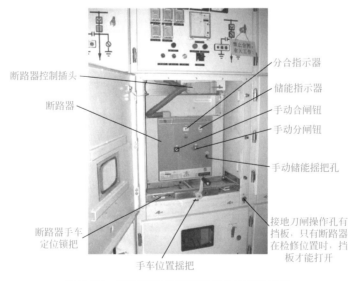

断路器控制插头
断路器
分合指示器
储能指示器
手动合闸钮
手动分闸钮
手动储能摇把孔
断路器手车定位锁把
手车位置摇把
接地刀闸操作孔有挡板，只有断路器在检修位置时，挡板才能打开

图 7-26　KYN 型开关柜断路器手车操作功能

（1）分合指示器　断路器状态表示方法有两种：一种如图7-27所示，指示窗的黑色箭头向上指合闸，黑色箭头向下指分闸；另一种如图7-28所示，圆圈表示分闸，竖条表示合闸，分合指示器下方的计数器，用于记录断路器操作次数。

（2）储能指示器　如图7-29所示，用于表示断路器储能操动机构状态，窗口内的黑色箭头与操动机构连接，箭头向上指示已储能，具备合闸条件，剪头向下表示为储能，不具备合闸条件。

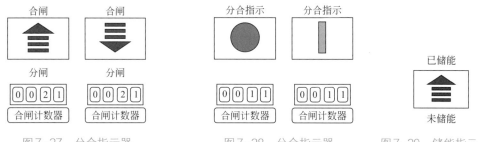

图7-27　分合指示器　　　　图7-28　分合指示器　　　　图7-29　储能指示器

（3）手动合闸、分闸钮　如图7-30所示，分闸按钮是红色方形中间有白色圆圈，合闸按钮是绿色方形中间有白色竖条，手动分合按钮主要用于操作电源发生故障时，进行断路器的分合操作。

图7-30　手动合闸、分闸钮

（4）断路器控制插头　如图7-31所示，控制插头是断路器手车控制元件与继电保护电路连接件，由于手车移动拉出需要断开控制连线，手车在运行和试验位置时锁杆横向落下使之控制插头不能插拔，只有当手车在检修位置时锁杆转动竖立，这时插头可以插拔。

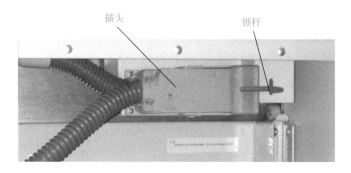

图7-31　断路器控制插头

（5）断路器手车定位锁把 手车定位锁是锁定手车位置的，当需要移动手车时，应先打开定位锁，否则手车不能移动。

（6）手车位置摇把 手车位置摇把是一个可以插接的工具，顺时针摇动手车推进，逆时针摇动手车拉出，移动手车时需要与手车定位锁配合使用。

（7）手动储能摇把孔 手动储能是保证断路器在控制电源发生故障不能进行电动操作时，可采用手动操作，操作时可将摇把插入孔中，顺时针用力摇动手柄，储能时手柄需用力较大，当储能到位后手柄立即轻松。

（8）接地刀闸操作孔 接地刀闸是装在断路器负荷侧的一种检修时的安全装置，如图7-32所示，只有断路器在检修位置时接地刀闸才可以进行操作。当断路器手车移至检修位置时，挡板能自动打开，将手柄插入孔内，顺时针摇动手柄直至听到"哐当"一声，接地刀闸合上，接地刀闸在合上时手车不能移动。拉开接地刀闸时手柄逆时针摇动，开始时较用力，一直摇到不可操作，表示接地倒闸已全部打开。

注：为保证操作的安全性，手车位置摇把、手动储能摇把、接地刀闸操作摇把是同一个摇把。

断路器的负荷侧   接地刀闸

避雷器

图7-32 KYN柜接地刀闸

三、移开式开关柜在系统图中的表示方法

如图7-33所示是10kV双电源单母线移开式开关柜一次系统图，在图中手车的插头代替了隔离开关，当手车在运行位置时手车的插头与母线连接，可进行线路的分合操作。在试验和检修位置时手车插头与母线断开，有良好的隔离作用，如图7-34所示。为了保证检修时安全，电压互感器、熔断器、断路器均安装的手车上，检修时只需将相关的手车拉出即可，如图7-34（a）中的201-9手车作用有两个，手车上装有电压互感器和熔断器便于拉出维护，作用二是手车拉出后电源完全隔离。

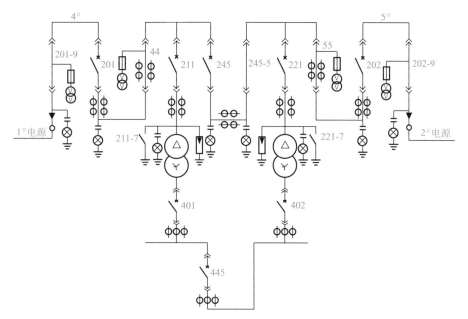

图 7-33　10kV 双电源母线移开式开关柜一次系统图

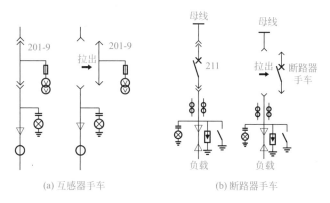

(a) 互感器手车　　　　　(b) 断路器手车

图 7-34　移开式开关柜手车作用

四、断路器手车位置

移开式高压开关柜断路器手车有三个置位，即运行、试验、检修，三个位置的具体意义如下。

运行位置（也称插入位置）：隔离插头与母线连接良好，控制插头连接，断路器可以分合线路的操作。

试验位置（也称备用位置）：隔离插头与母线分离，控制插头连接，断路器还可以分合操作。

检修位置（也称拉出位置）：隔离插头与母线分离，控制插头断开，断路器不能操作。

以图 7-33 为例的 10kV 双电源单母线移开式开关柜一次系统常用操作票如下。

发令人		下令时间		年　月　日　时　分
		操作开始		年　月　日　时　分
受令人		操作终了		年　月　日　时　分

操作任务：全站送电操作

原运行方式：全站停电状态（备用）

运行方式为：1#电源带1T，2#电源2T分列运行

√	操作顺序	操作项目	√	操作顺序	操作项目
	1	查1#电源10kV电压正常		22	将202手车推入运行位置
	2	查201、245、211确在断开位置		23	合上202开关
	3	将201手车推入运行位置		24	查202确已合上
	4	合上201开关		25	查202负荷侧三相带电器指示灯亮
	5	查201确已合上		26	查402确在断开位置
	6	查201负荷侧三相带电器指示灯亮		27	将221手车推入运行位置
	7	查401确在断开位置		28	合上221开关
	8	将211手车推入运行位置		29	查221确已合上
	9	合上211开关		30	查221负荷侧三相带电器指示灯亮
	10	查211确已合上		31	听2T声音，充电3min
	11	查211负荷侧三相带电器指示灯亮		32	查2T 0.4kV电压正常
	12	听1T声音，充电3分min		33	查402确在断开位置
	13	查1T 0.4kV电压正常		34	将402开关推入运行位置
	14	查445确在断开位置		35	合上402开关
	15	将401开关推入运行位置		36	查402确已合上
	16	合上401开关		37	合上5#母线侧各出线开关
	17	查401确已合上		38	合上5#母线侧电容器组开关
	18	合上4#母线侧各出线开关		39	全面检查操作质量，操作完毕
	19	合上4#母线侧电容器开关		40	
	20	查2#电源10kV电压正常		41	
	21	查202、221确在断开位置		42	
操作人			监护人		

本题要点：

① 全站停电备用状态是主进断路器拉开，电源侧电压互感器保留用于监视电源；

② 送电操作前要检查电源电压；

③ 运行方式为1#电源带1T，2#电源2T分列运行，联络开关245、445拉开，应拉至试验位置或检修位置以防止合环操作。

发 令 人		下 令 时 间	年　月　日　时　分
		操 作 开 始	年　月　日　时　分
受 令 人		操 作 终 了	年　月　日　时　分

操作任务：全站送电操作。

原运行方式：全站停电状态。（备用）

运行方式为：1#电源带1T全负荷，2#电源2T备用

√	操作顺序	操 作 项 目	√	操作顺序	操 作 项 目
	1	查1#电源10kV应正常		22	检查2#电源10kV应正常
	2	查201、211、245、221、202确在断开位置		23	全面检查操作质量，操作完毕
	3	将201手车推入运行位置		24	
	4	合上201		25	
	5	查201确已合上		26	
	6	查201负荷侧三相带电器指示灯亮		27	
	7	将211手车推入运行位置		28	
	8	合上211		29	
	9	查211确已合上		30	
	10	查211负荷侧三相带电器指示灯亮		31	
	11	听1T声音正常，充电3min		32	
	12	查1T 0.4kV电压正常		33	
	13	查445、402确在断开位置		34	
	14	将401开关推入运行位置		35	
	15	合上401开关		36	
	16	查401确已合上		37	
	17	将445开关推入运行位置		38	
	18	合上445开关		39	
	19	查445确已合上		40	
	20	合上低压各出线开关		41	
	21	合上低压电容器组开关		42	
操作人			监护人		

本题要点：

① 在全站停电（备用）状态下进行送电操作；

② 先送1#电源和1T，由于2#是备用电源，不需要操作，但要检查2#电源是否正常。

发令人		下令时间	年　月　日　时　分
		操作开始	年　月　日　时　分
受令人		操作终了	年　月　日　时　分

操作任务：全站停电操作（备用）

运行方式为：1#电源带1T、2T并列带全负荷，2#电源备用

√	操作顺序	操作项目	√	操作顺序	操作项目
	1	拉开低压电容器组开关		20	拉开211开关
	2	拉开低压各出线开关		21	查211确已拉开
	3	拉开445开关		22	查211负荷侧三相带电指示器灯灭
	4	查445确已拉开		23	将211手车拉至备用位置
	5	将445拉至备用位置		24	拉开201开关
	6	拉开402开关		25	查201确已拉开
	7	查402确已拉开		26	查201负荷侧三相带电指示器灯灭
	8	将402拉至备用位置		27	将201手车拉至备用位置
	9	拉开401开关		28	将202手车拉至备用位置
	10	查401确已拉开		29	全面检查操作质量，操作完毕
	11	将401拉至备用位置		30	
	12	拉开221开关		31	
	13	查221确已拉开		32	
	14	查221负荷侧三相带电指示器灯灭		33	
	15	将221手车拉至备用位置		34	
	16	拉开245开关		35	
	17	查245确已拉开		36	
	18	查245负荷侧三相带电指示器灯灭		37	
	19	将245-5手车拉至隔离位置		38	
操作人			监护人		

本题要点：

① 系统是201受电带4#、5#母线，211、245、221、401、402、445合上，202拉开（备用）；

② 要求全站停电热备用，应将主进断路器拉开至备用位置，热备用保留电源的电压互感器，用以监视电源；

③ 拉开高压断路器后应检查三相带电指示器的灯应熄灭；

④ 1#电源停电后，应将2#电源主进断路器拉至备用位置。

高压电工上岗技能一本通（双色版）

发令人		下 令 时 间	年　月　日　时　分
		操 作 开 始	年　月　日　时　分
受令人		操 作 终 了	年　月　日　时　分

操作任务：全站停电操作（备用）

运行方式为：2#电源带1T、2T分列运行，1#电源备用

√	操作顺序	操 作 项 目	√	操作顺序	操 作 项 目
	1	拉开低压电容器组开关		20	将221拉至备用位置
	2	拉开低压各出线开关		21	拉开202开关
	3	拉开401开关		22	查202确已拉开
	4	查401确已拉开		23	查202负荷侧三相带电指示器灯灭
	5	将401拉至备用位置		24	将202手车拉至备用位置
	6	拉开402开关		25	将201手车拉至备用位置
	7	查402确已拉开		26	全面检查操作质量，操作完毕
	8	将402拉至备用位置		27	
	9	拉开211开关		28	
	10	查211确已拉开		29	
	11	查211负荷侧三相带电指示器灯灭		30	
	12	将211拉至备用位置		31	
	13	拉开245开关		32	
	14	查245确已拉开		33	
	15	查245负荷侧三相带电指示器灯灭		34	
	16	将245-5拉至隔离位置		35	
	17	拉开221开关		36	
	18	查221确已拉开		37	
	19	查221负荷侧三相带电指示器灯灭		38	
操作人			监护人		

本题要点：

① 系统状态202受电带4#、5#母线，211、245、221、401、402合上，201、445拉开；

② 要求全站停电热备用，应将主进断路器拉开至备用位置，热备用保留电源的电压互感器，用以监视电源；

③ 拉开高压断路器后应检查三相带电指示器的灯应熄灭；

④ 2#电源停电后，应将1#主进断路器也拉至备用位置；

⑤ 变压器分列运行，低压联络开关445是拉开的。

发令人		下令时间	年　月　日　时　分
		操作开始	年　月　日　时　分
受令人		操作终了	年　月　日　时　分

操作任务：全站由检修转运行

运行方式为：2#电源带2T全负荷运行，1#电源1T备用

√	操作顺序	操 作 项 目	√	操作顺序	操 作 项 目
	1	查201、211、245、221、202应在检修位置		18	合上221开关
	2	拆202-9线路侧接地线		19	查221确已合上
	3	取下2#电源开闭站开关上"禁止合闸，有人工作"、"已接地"标示牌		20	查221负荷侧三相带电指示器灯应亮
	4	拆201-9线路侧接地线		21	听2T声音应正常，充电3min
	5	取下1#电源开闭站开关上"禁止合闸，有人工作"、"已接地"标示牌		22	查2T低压0.4kV电压正常
	6	合上2#电源开闭站开关		23	合上402
	7	查2#电源线路侧三相带电指示器灯应亮		24	查402确已合上
	8	合上1#电源开闭站开关		25	合上445
	9	查1#电源线路侧三相带电指示器灯应亮		26	查445确已合上
	10	将202-9手车推至运行位置		27	合上低压各出线开关
	11	查2#电源10kV电压正常		28	合上低压电容器组开关
	12	将202手车推至运行位置		29	将201-9手车推至运行位置
	13	合上202		30	查1#电源10kV电压正常
	14	查202确已合上		31	全面检查操作质量，操作完毕
	15	查202负荷侧三相带电指示器灯亮		32	
	16	将221开关推至运行位置		33	
	17	查402、445、401确在断开位置		34	
操作人			监护人		

本题要点：

① 全站检修后送电操作，应先拆除接地线，注意电缆进线开闭站上的标志牌；

② 运行方式为2#电源带2T全负荷运行，1#电源1T备用；

③ 2T投入运行后，还应将1#电源置于备用位置，1#电源备用应是201-9合上，201拉开，手车置于备用位置。

发令人		下令时间	年 月 日 时 分
		操作开始	年 月 日 时 分
受令人		操作终了	年 月 日 时 分

操作任务：全站由运行转检修

运行方式为：1#电源带1T、2T并列全负荷运行，2#电源备用

√	操作顺序	操作项目	√	操作顺序	操作项目
	1	拉开低压各出线开关		20	将211手车拉至检修位置
	2	拉开低压电容器组开关		21	拉开201开关
	3	拉开445开关		22	查201确已拉开
	4	查445确已拉开		23	查201负荷侧三相带电指示器灯应灭
	5	拉开401开关		24	将201手车拉至检修位置
	6	查401确已拉开		25	将201-9手车拉至检修位置
	7	拉开402开关		26	将202手车拉至检修位置
	8	查402确已拉开		27	将202-9手车拉至检修位置
	9	拉开221开关		28	拉开1#电源开闭站分界开关
	10	查221确已拉开		29	查201-9线路侧三相带电指示器灯应灭
	11	查221负荷侧三相带电指示器灯应灭		30	在201-9线路侧验应无电压
	12	将221手车拉至检修位置		31	在201-9线路侧挂接地线一组
	13	拉开245开关		32	在1#电源开闭站分界开关手柄上挂"禁止合闸，有人工作"、"已接地"标示牌
	14	查245确已拉开		33	拉开2#电源开闭站分界开关
	15	查245负荷侧三相带电指示器灯应灭		34	查202-9线路侧三相带电指示器灯应灭
	16	将245-5手车拉至隔离位置		35	在202-9线路侧验应无电压
	17	拉开211开关		36	在202-9线路侧挂接地线一组
	18	查211确已拉开		37	在2#电源开闭站分界开关手柄上挂"禁止合闸，有人工作"、"已接地"标示牌
	19	查211负荷侧三相带电指示器灯应灭		38	全面检查操作质量，操作完毕
操作人			监护人		

本题要点：

① 1#电源带1T、2T并列运行，2#电源备用的情况下停电操作；

② 全站停电检修电缆进线户，应拉开开闭站的开关，并在开闭站开关手柄上挂标示牌。

发令人		下令时间	年 月 日 时 分
		操作开始	年 月 日 时 分
受令人		操作终了	年 月 日 时 分

操作任务：1T由运行转备用，2T由备用转运行（不停负荷）

运行方式为：1#电源带1T全负荷运行，2#电源2T备用，倒为2T运行1T备用

√	操作顺序	操 作 项 目	√	操作顺序	操 作 项 目
	1	查2T应符合并列条件		17	拉开401开关
	2	查245、221、202确在备用位置		18	查401确已拉开
	3	将245-5推至运行位置		19	查2T电流应正常
	4	将245推至运行位置		20	拉开211开关
	5	查245确已合上		21	查211确已拉开
	6	查245三相带电指示器灯应亮		22	查211负荷侧三相带电指示器灯应灭
	7	查402确在断开位置		23	将211手车拉至备用位
	8	将221推至运行位置		24	全面检查操作质量，操作完毕
	9	合上221开关		25	
	10	查221确已合上		26	
	11	查221负荷侧三相带电指示器灯应亮		27	
	12	听2T声音正常，充电3min		28	
	13	查2T 0.4kV电压正常		29	
	14	合上402开关		30	
	15	查402确已合上		31	
	16	查负荷电流分配		32	
操作人			监护人		

本题要点：

① 在不停电的情况下进行变压器倒闸，电源不换；

② 2T要运行，5#母线将带电，操作前应认真检查221、202、402确在断开位置；

③ 注意变压器并列条件，防止造成电压波动；

④ 先投入备用的2#变压器，再推出运行的1#变压器。

发令人		下令时间	年 月 日 时 分
		操作开始	年 月 日 时 分
受令人		操作终了	年 月 日 时 分

操作任务：2#电源由运行转备用，1#电源由备用转运行（停负荷）

运行方式为：2#电源带2T全负荷，1#电源1T备用

√	操作顺序	操 作 项 目	√	操作顺序	操 作 项 目
	1	拉开低压各出线开关		20	将245-5手车推至运行位置
	2	拉开低压电容器组开关		21	将245手车推至运行位置
	3	拉开445开关		22	合上245开关
	4	查445确已拉开		23	查245确已合上
	5	拉开402开关		24	查245负荷侧三相带电指示器灯应亮
	6	查402确已拉开		25	合上221开关
	7	拉开221开关		26	查221确已合上
	8	查221确已拉开		27	查221负荷侧三相带电指示器灯应亮
	9	查221负荷侧三相带电指示器灯应灭		28	听2T声音应正常，充电3min
	10	拉开202开关		29	查2T 0.4kV电压正常
	11	查202确已拉开		30	合上402开关
	12	查202负荷侧三相带电指示器灯应灭		31	查402确已合上
	13	将202手车拉至备用位置		32	合上445开关
	14	查201、211、245确在断开位置		33	查445确已合上
	15	查1#电源10kV电压正常		34	合上低压各出线开关
	16	将201手车推至运行位置		35	合上低压电容器组开关
	17	合上201开关		36	全面检查操作质量，操作完毕
	18	查201确已合上		37	
	19	查201负荷侧三相带电指示器灯应亮		38	
操作人			监护人		

本题要点：

① 变压器不换，电源切换，仍使用2#变压器；

② 先停2#变压器和2#电源，不操作245；

③ 再送1#电源和2#变压器，需要操作245。

发令人		下令时间	年　月　日　时　分
		操作开始	年　月　日　时　分
受令人		操作终了	年　月　日　时　分

操作任务：2T由运行转检修（不停负荷）

运行方式为：2#电源带1T、2T分列运行，1#电源备用

√	操作顺序	操作项目	√	操作顺序	操作项目
	1	查1T可带全负荷		14	在2T 0.4kV侧应无电压
	2	合上445		15	在2T 0.4kV侧挂接地线一组
	3	查445确已合上		16	在402手车上挂"禁止合闸，有人工作"、"已接地"标示牌
	4	拉开402开关		17	全面检查操作质量，操作完毕
	5	查402确已拉开		18	
	6	查1T电流应正常		19	
	7	将402手车拉至检修位置		20	
	8	拉开221开关		21	
	9	查221确已拉开		22	
	10	查221负荷侧三相带电指示器灯应灭		23	
	11	将221手车拉至检修位置		24	
	12	合上221-7接地刀闸		25	
	13	在221手车上挂"禁止合闸，有人工作"、"已接地"标示牌		26	
操作人			监护人		

本题要点：

不停负荷停一台变压器，应检查运行的变压器是否能带全负荷。

发令人		下 令 时 间	年 月 日 时 分
		操 作 开 始	年 月 日 时 分
受令人		操 作 终 了	年 月 日 时 分

操作任务：2T由检修转运行（与1T并列）

运行方式为：1#电源带1T全负荷，2#电源备用

√	操作顺序	操 作 项 目	√	操作顺序	操 作 项 目
	1	拆2T 0.4kV侧接地线		15	查221负荷侧三相带电指示器灯亮
	2	取下402开关手柄上"禁止合闸有人工作"、"已接地"标示牌		16	听2T声音应正常，充电3min
	3	拉开221-7接地刀闸		17	查2T低压0.4kV电压正常
	4	取下221开关手柄上"禁止合闸有人工作"、"已接地"标示牌		18	合上402
	5	查2T应符合并列条件		19	查402确已合上
	6	查202、221、245、402确在备用位置		20	查电流分配应正常
	7	将245-5手车推至运行位置		21	全面检查操作质量，操作完毕
	8	将245手车推至运行位置		22	
	9	合上245		23	
	10	查245确已合上		24	
	11	查245负荷侧三相带电指示器灯亮		25	
	12	将221手车由试验位推至运行位		26	
	13	合上221		27	
	14	查221确已合上		28	
操作人			监护人		

本题要点：

① 变压器检修后转运行，应检查是否符合并列运行的条件；

② 2#运行需要5#母线运行，操作前注意检查245、221、202确在断开位置；

③ 变压器投入后，注意检查两台变压器电流分配应正常。

发令人		下 令 时 间	年　月　日　时　分
		操 作 开 始	年　月　日　时　分
受令人		操 作 终 了	年　月　日　时　分

操作任务：221开关由运行转检修（停部分负荷）

运行方式为：1#电源带1T、2#电源带2T分列运行，2#电源备用

√	操作顺序	操 作 项 目	√	操作顺序	操 作 项 目
	1	拉开低压5#母线侧电容器开关		20	
	2	拉开低压5#母线侧出线开关		21	
	3	拉开402		22	
	4	查402确已拉开		23	
	5	拉开221		24	
	6	查221确已拉开		25	
	7	查221负荷侧三相带电指示器灯灭		26	
	8	将221开关拉至试验位		27	
	9	取下221二次插头		28	
	10	将221拉至检修位直至全部拉出		29	
	11	全面检查操作质量，操作完毕		30	
	12			31	
	13			32	
	14			33	
	15			34	
	16			35	
	17			36	
	18			37	
	19			38	
操作人			监护人		

本题要点：

① 系统在分列运行的情况下，停部分负荷检修开关；

② 停5#母线侧负荷，不能合低压联络开关；

③ 221检修时直接将221手车全部拉出即可。

第四节　10kV预装式变电站的特征和倒闸操作

一、预装式变电站的定义

预装式变电站俗称箱式变，是由高压配电装置、变压器及低压配电装置连接而成，分成三个功能隔室，即高压室、变压器室和低压室，高、低压室功能齐全。高压侧一次供电系统，可布置成多种供电方式。高压多采用环网柜控制方式（图7-35），配有主进柜、计量柜（图7-36），装有高压计量元件，满足高压计量的要求。出线柜（图7-37）的变压器室可选择S_7、S_9以及其他低损耗油浸式变压器和干式变压器；变压器室设有自启动强迫风冷系统及照明系统，低压室根据用户要求可采用面板或柜装式结构组成用户所需供电方案，有动力配电、照明配电、无功功率补偿、电能计量和电量测量等多种功能。

图7-35　10kV预装式变电站

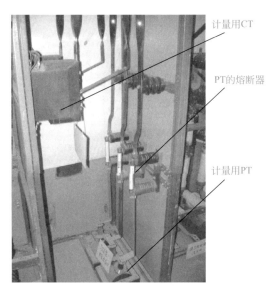

图7-36　环网柜计量柜实物图

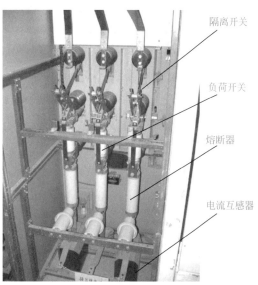

图7-37　环网柜出线柜实物图

高压室结构紧凑合理并具有全面防误操作联锁功能，各室均有自动照明装置。

预装式变电站采用自然通风和强迫通风两种方式，使通风冷却良好。变压器室和低压室均有通风道，排风扇有温控装置，按整定温度能自动启动和关闭，保证变压器满负荷运行。

预装式变电站的高压配电装置采用环网柜作为高压控制元件，柜内装有真空负荷开关或六氟化硫负荷开关，出线柜配有熔断器作为变压器的保护元件，为了便于监视运行开关柜装有三相带电显示装置，出线柜内的负荷开关为双投刀闸，当变压器检修时刀闸搬向接地状态，负荷开关操作为一个操作机构，有三个位置，即接地→拉开→合闸，有效地防止误操作的发生。

二、环网柜的操作与其他开关柜操作的差别

环网柜的操作与其他开关柜不同，是由手动操作分合闸控制，而且是由一个可以插拔的操作手柄完成合闸、分闸、接地的操作，环网柜操作机构如图7-38所示。

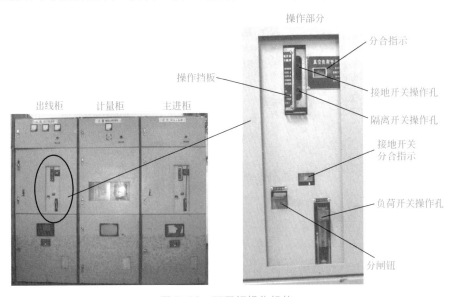

图7-38 环网柜操作机构

操作挡板只有当断路器分闸时才可以打开，送电操作时打开操作挡板，将操作手柄插入隔离开关操作孔内，向上搬动使隔离开关合上，合上后拔出操作手柄再插入下面的负荷开关操作孔，向下用力扳动即可合上负荷开关，分合指示窗口内的字牌翻向合，负荷开关合上后操作挡板立即弹回挡住隔离开关操作孔以防止误操作。

分闸时，按动分闸钮，负荷开关分闸，分闸钮上有锁孔，插入锁销可禁止分闸操作，负荷开关分闸后操作挡板才自动打开，插入操作手柄向下扳动隔离开关分闸，需要接地操作时，将操作手柄拔出再插入上一个操作孔，再向下用力搬动即可将隔离开关负荷侧接地。

三、预装式变电站系统图的特点

预装式变电站（箱式变）系统图如图7-39所示。主进柜201电压侧装有三相带电

显示器监视线路电源，主进柜只有负荷开关，不装熔断器，计量柜为直通式，计量柜上的电压互感器为电能表和监视用电压表提供电压，出线柜211负荷侧装有熔断器，接地刀闸，三项互锁操作机构。

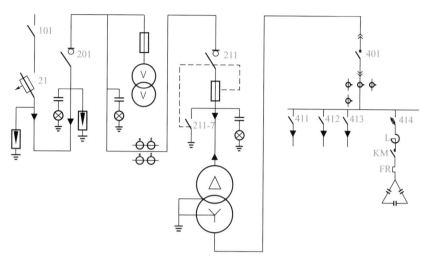

图7-39　预装式变电站（箱式变）系统图

预装式变电站系统操作票（一）

发 令 人		下 令 时 间	年　月　日　时　分
		操 作 开 始	年　月　日　时　分
受 令 人		操 作 终 了	年　月　日　时　分

操作任务：全站送电操作

运行方式为：201受电带3#母线，211、401合上

√	操作顺序	操 作 项 目	√	操作顺序	操 作 项 目
	1	查201、211、401应在断开位置		14	合上低压各出线开关
	2	合上21		15	合上低压电容器组开关
	3	查201柜三相带电指示器灯亮		16	全面检查工作质量，操作完毕
	4	合上201		17	
	5	查201确已合上		18	
	6	查计量柜三相带电指示器灯亮		19	
	7	合上211		20	
	8	查211确已合上		21	
	9	查211柜三相带电指示器灯亮		22	
	10	听变压器声音，充电3min		23	
	11	查变压器低压侧应电压正常		24	
	12	合上401		25	
	13	查401确已合上		26	
操作人			监护人		

预装式变电站系统操作票（二）

发令人		下令时间	年 月 日 时 分
		操作开始	年 月 日 时 分
受令人		操作终了	年 月 日 时 分

操作任务：全站停电操作

运行方式为：201受电带3#母线，211、401合上

√	操作顺序	操作项目	√	操作顺序	操作项目
	1	拉开低压各出线开关		14	
	2	拉开低压电容器组开关		15	
	3	拉开401		16	
	4	查401确已拉开		17	
	5	拉开211		18	
	6	查211确已拉开		19	
	7	查211柜三相带电指示器灯应灭		20	
	8	拉开201		21	
	9	查201确已拉开		22	
	10	查计量柜三相带电指示器灯应灭		23	
	11	拉开21		24	
	12	查201柜三相带电指示器灯应灭		25	
	13	全面检查工作质量，操作完毕		26	
操作人			监护人		

第八章 10kV常用的供电系统图

一、系统图的用途

变、配电室一次系统图是表示变、配系统从接受电能、变换电压和分配电能的电路，它表示由地区供电系统电源引入→控制→变压→负荷分配的变压配电过程，且由引入导线（架空线路或电力电缆）、变压器、各种开关电器、母线、互感器、避雷器等连接组成，完成接受电源和分配电能的任务。

一次系统图采用国家统一规定的电气图像符号、文字符号表示主接线中各电气设备相互连接的顺序。一次系统图一般都采用单线图表示，即一根线就代表三相，但在三相接线不同的局部位置采用两相式和三相式（如电流互感器接线）。

图形符号的含义见表8-1。

表8-1 图形符号的含义

图形符号	含义	图形符号	含义
	断路器		V/V接线电压互感器
	隔离开关		三相五柱电压互感器
	负荷开关		干式变压器
	跌落式熔断器		油浸变压器
	刀熔开关		隔离手车插头
	带电指示器		零序电流互感器
	避雷器		熔断器
	高压电流互感器		接地
	电缆头		电抗器

10kV常用的系统有：

① 环网柜（箱式变电站）配电系统图；

② 10kV高供低量系统（架空线接入电缆引入室内负荷开关控制）；

③ 10kV移开式（KYN）开关柜（单电源单变压器系统图）；

④ 固定式开关柜（GG1A柜）10KV单电源双变压器系统；

⑤ 10kV固定式开关柜单电源单变压器系统图；

⑥ 10kV固定式（GG1A）开关柜双电源单母线系统图；

⑦ 双电源单母线移开式（KYN）高压开关柜系统图。

二、环网柜（箱式变电站）配电系统图

环网柜（箱式变电站）配电系统图如图8-1所示。

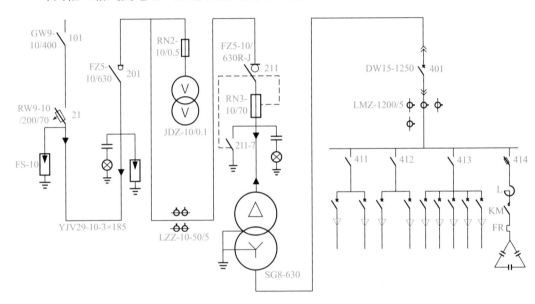

图8-1　环网柜（箱式变电站）配电系统图

系统说明如下。

① 电源是由供电架空线路接入，与供电部门的分界开关由101控制（GW9-10/400型户外隔离开关）。

② 电源接户线路设有接户杆，接户杆上装有跌落式熔断器21，用于与供电线路的保护和分断。

③ 跌落式熔断器下端接有阀型避雷器，防止雷电过电压的侵入，并由185mm²交联聚乙烯电缆引入箱式变电站内。

④ 箱式变电站内有三个高压开关柜，201电源主进柜，装有FZ型真空负荷开关，负荷开关的电源侧装有三相带电指示器用于监视电源和避雷器。

⑤ 高压计量柜内装有JDZ型干式电压互感器呈V/V接线，为电能表和电压表提供电源，LZZ型电流互感器可为电能表提供计量电流和监视电流，RN2型熔断器用于保护电压互感器，熔断器额定电流0.5A。

⑥ 211为馈线柜（出线柜）用于控制变压器，211为真空负荷开关，负荷侧装有保护变压器的高压熔断器，211开关带有接地刀闸功能，高压熔断器与负荷开关装有熔断激发装置，熔丝熔断负荷开关跳闸，以防止变压器缺相运行，211的负荷侧也装有三相带电指示器，用以指示开关运行状态。

⑦ 变压器为SG8型容量630kVA干式变压器。

⑧ 低压总断路器401（WD15）为抽开式安装。

⑨ 低压断路器401负荷侧装有LMZ型电流互感器监视运行电流，A相另装有一个电流互感器是为了给功率因数补偿器提供电流。

⑩ 414为HR型导熔开关用以保护电容器组，L电抗器是防止因系统出现谐振而造成电容器电流太大而毁坏。

⑪ KM是用于电热器投入和退出。

⑫ FR可防止电容器过电流。

三、10kV高供低量系统（架空线接入电缆引入室内负荷开关控制）

10kV高供低量系统（架空线接入电缆引入室内负荷开关控制）如图8-2所示。

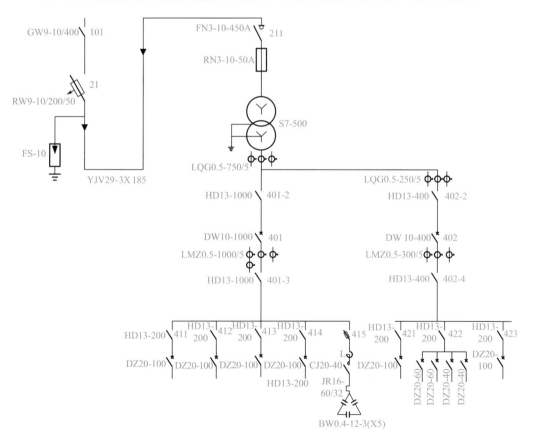

图8-2 10kV高供低量系统（架空线接入电缆引入室内负荷开关控制）

系统说明如下。

① 电源是由供电架空线路接入，与供电部门的分界开关由101控制（GW9-10/400

型户外隔离开关）。

② 电源接户线路设有接户杆，接户杆上装有操作编号为21的RW9型跌落式熔断器，熔丝额定电流50A用于与供电线路的保护。

③ 跌落式熔断器下端接有FS型阀型避雷器，防止雷电过电压的侵入，并由电缆引入变电站内。

④ 室内采用FN型空气负荷开关分、合变压器，负荷开关的负荷装有RN3型户内熔断器保护变压器。

⑤ 变压器为油浸式变压器，容量500kVA。

⑥ 变压器外壳接地、低压中性点接地与避雷器的接地连接在一起，为配电装置的三位一体接地。

⑦ 变压器低压母线上装有电能计量表，低压计量为子母表计量方式，主表配LQG型750/5电流互感器，子表配LQG型250/5电流互感器。

⑧ 低压柜为BSL型隔离式开关柜，断路器的两侧装有隔离开关。

⑨ HD13为开启式中央杠杆操作刀开关。

⑩ 低压断路器401负荷侧装有LMZ型电流互感器用于监视主路运行电流，A相另外装有一个电流互感器是为了给功率因数补偿器提供电流。

⑪ 低压断路器402负荷侧装有LMZ型电流互感器是用于监视辅路运行电流。

⑫ 415为HR型导熔开关用以保护电容器组，L电抗器是防止因系统出现谐振而造成电容器电流太大而毁坏。

⑬ CJ20-40是交流接触器，用于电热器投入和退出。

⑭ LR16是热继电器用于防止电容器过电流。

⑮ 补偿电容器型号是BW型，额定电压0.4kV、容量12kF的三相电容器，共5台。

四、10kV移开式（KYN）开关柜（单电源单变压器系统图）

10kV移开式（KYN）开关柜（单电源单变压器系统图）如图8-3所示。

系统说明如下。

① 设备是KYN型中置式高压开关柜，本系统有四个开关柜：进线PT柜201-2、主进开关柜201、计量柜39和出线柜211。

② 电源是从供电系统的电缆分接箱1#电源3#闸接入的。

③ 进线电缆上接有LXK型零序电流互感器，用于监视高压对地绝缘，表明10kV供电系统为中性点经低电阻接地系统，站内高压对地绝缘损坏时能发出跳闸指令。

④ 进线PT柜201-9为电源侧电压互感器手车，手车上装有LDZ型干式电压互感器，接线形式为V/V接线，电压互感器采用RN2型熔断器用于保护，熔断器额定电流0.5A。

⑤ 电源侧装有三相带电指示器，201-2隔离手车。

⑥ 201主进柜采用ZN28型真空断路器控制，断路器两侧的三相带电指示器，用以指示线路有无电压。

⑦ 39计量柜，计量使用的电流互感器和电压互感器全安装在手车上，确保计量的可靠性。

⑧ 211出线柜使用ZN28型真空断路器，额定电流630A。

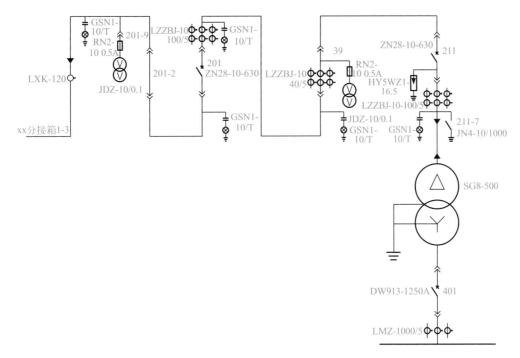

图8-3　10kV移开式（KYN）开关柜（单电源单变压器系统图）

⑨ 断路器负荷侧的HY型氧化锌避雷器，用于消除因真空断路器分、合操作时的过电压。

⑩ 211-7出线侧接地刀闸，211-7与211之间的联锁装置，保证只有211在检修状态时才能操作。

⑪ 变压器为SG型干式变压器，容量500kVA。

⑫ GSN1-10/T为10kV三相带电显示器，三相带电显示器指示灯灭表示线路无电。

⑬ 低压采用DW19型断路器作为电源的总保护。

五、固定式开关柜（GG1A柜）10kV单电源双变压器系统

固定式开关柜（GG1A型）10kV单电源双变压器系统如图8-4所示。

系统说明如下。

① 电源是由供电架空线路接入，与供电部门的分界开关由101控制。

② 电源接户线路设有接户杆，接户杆上装有RW4型跌落式熔断器编号21，用于供电线路的保护。

③ 跌落式熔断器下端接有FS型阀型避雷器，防止雷电过电压的侵入，并由185mm²交联聚乙烯电缆进入变电站内。

④ 201-9电压互感器是JSJW型油浸式三相五柱式，能提供相电压和线电压供开关柜进行控制、测量，并有绝缘监视功能，表明10kV系统为中性点不接地系统。

⑤ 系统为两台S7型油浸式变压器，共计1600kVA，双变压器系统，可根据不同的运行状态，低负荷时使用一台变压器，高负荷时使用两台变压器，保证经济运行，适合用电负荷季节性波动较大的单位。

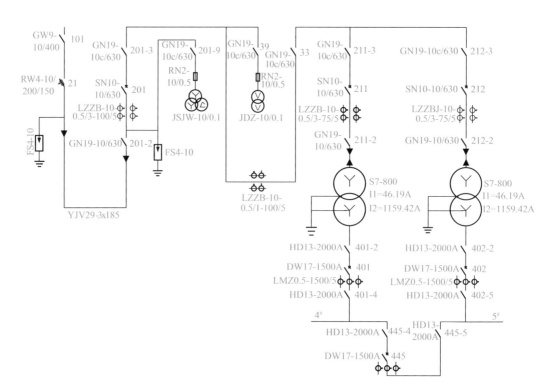

图8-4 固定式开关柜（GG1A型）10kV单电源双变压器系统

⑥ GG1A型开关柜断路器与隔离开关之间应具有可靠的"五防"功能。

⑦ 断路器为SN10型少油断路器，额定电流630A。

⑧ GN19-10c为GG1A型开关柜的上隔离开关，c表示有磁套管。

⑨ GN19-10为GG1A型开关柜的下隔离开关，没有磁套管。

⑩ 低压隔离开关采用HD13为开启式中央杠杆操作刀开关。

⑪ 低压总断路器采用DW17智能型，可实现速断保护、过流短延时、过流长延时、接地和失压保护。

六、10kV固定式开关柜单电源单变压器系统图

10kV固定式开关柜单电源单变压器系统图如图8-5所示。

系统说明如下。

① 单电源单变压器的供电系统一般为三类用电单位。

② 电源是由供电架空线路接入，与供电部门的分界开关由101控制。

③ 电源接户线路设有接户杆，接户杆上装有RW4型跌落式熔断器，编号21，用于供电线路的保护。

④ 跌落式熔断器下端接有FS型阀型避雷器，防止雷电过电压的侵入，并由185mm²交联聚乙烯电缆进入变电站内。

⑤ 201-9电压互感器是JSJW型油浸式三相五柱式，能提供相电压和线电压供开关柜进行控制、测量，并有绝缘监视功能，表明10kV系统为中性点不接地系统。

⑥ 系统为一台S7型油浸式变压器，容量800kVA。

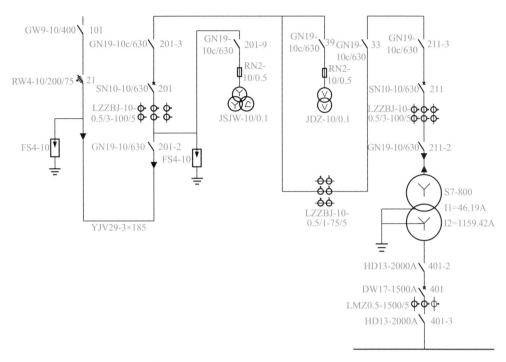

图8-5　10kV固定式开关柜单电源单变压器系统图

⑦ GG1A型开关柜断路器与隔离开关之间应具有可靠的"五防"功能。

⑧ 断路器为SN10少油型，额定电流630A。

⑨ GN19-10c为GG1A型开关柜的上隔离开关，c表示有磁套管。

⑩ GN19-10为GG1A型开关柜的下隔离开关，没有磁套管。

⑪ 低压隔离开关采用HD13为开启式中央杠杆操作刀开关。

⑫ 低压总断路器采用DW17智能型断路器，可实现速断保护、过流短延时、过流长延时、接地和失压保护。

七、10kV固定式（GG1A）开关柜双电源单母线系统图

10kV固定式（GG1A）开关柜双电源单母线系统图如图8-6所示。

系统说明如下。

① 这种双电源单母线的主接线方式的特点是：设备投资少（在双电源方式下）；接线简单、操作方便；运行方式较灵活。

② 电源接户线路设有接户杆，接户杆上装有跌落式熔断器21、22，用于供电线路的保护。

③ 跌落式熔断器下端接有避雷器，防止雷电过电压的侵入，并由电力电缆进入变电站内。

④ 201-9、202-9电压互感器是JDZ干式，V/V接线能提供线电压，由供开关柜进行控制、监视、测量等。

⑤ 双电源单母线的供电系统一般为一、二级用电单位。

⑥ 运行形式多样，可以一个电源带一台变压器，也可以一个电源带两台变压器。

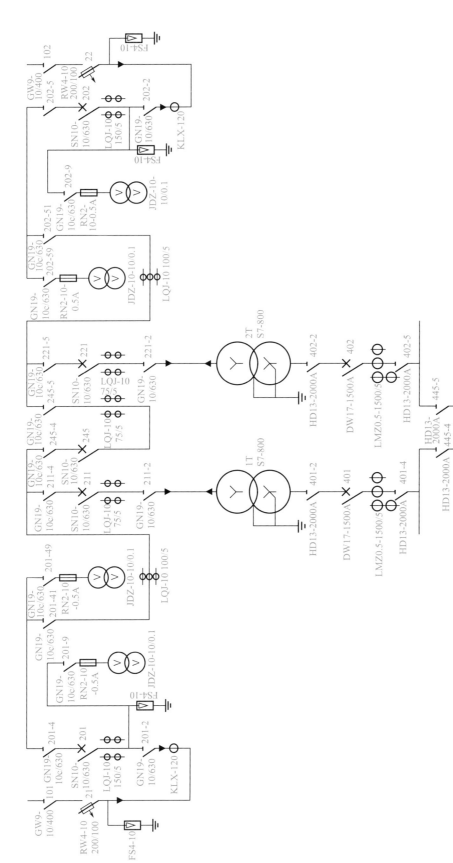

图8-6 10kV固定式（GG1A）开关柜双电源单母线系统图

⑦ 此种系统的非调度用户严禁两路电源并路倒闸；严禁一个电源各带一台变压器，两台变压器低压并列的运行方式。

⑧ 电源备用时，应拉开电源断路器和母线侧隔离开关，保留201-9或202-9，用以监视备用电源。

⑨ 进线电缆上接有零序电流互感器LXK，用于监视高压对地绝缘，表明10kV供电系统为中性点经低电阻接地系统，站内高压对地绝缘损坏时能发出跳闸指令。

⑩ 高压系统共有10面开关柜。

八、双电源单母线移开式（KYN）高压开关柜系统图

双电源单母线移开式（KYN）高压开关柜系统图如图8-7所示。

系统说明如下。

① KYN型开关为中置式开关柜，本系统有十个开关柜，进线PT柜201-9和202-9；主进开关柜201和202；计量柜49和59；出线柜211、221；高压联络柜245、245-5。

② 电源分别是从供电系统的电缆分接箱接入的。

③ 进线电缆上接有零序电流互感器LXK，用于监视高压对地绝缘，表明10kV供电系统为中性点经低电阻接地系统，站内高压对地绝缘损坏时能发出跳闸指令。

④ 进线PT柜201-9（202-9）为电源侧电压互感器，接线形式为V/V接线，电源侧装有三相带电指示器。

⑤ 开关柜采用ZN28型真空断路器控制，断路器两侧的三相带电指示器，用以指示线路有无电压。

⑥ 49、59计量柜，计量使用的电流互感器和电压互感器安装在手车上，确保计量的可靠性。

⑦ 出线柜断路器负荷侧的避雷器，是用于消除真空断路器分、合变压器操作时过电压的。

⑧ 出线柜断路器负荷侧装有接地刀闸211-7（221-7），用于在变压器维护检修时使用，接地刀闸只有在断路器拉至检修位置时才可以操作。

⑨ GSN1-10/T为三相带电显示器。

⑩ ZN28-10/630为真空断路器额定电流630A。

⑪ 低压断路器为抽插式，型号为DW913智能型断路器，具有速断保护、过流短延时、过流长延时、接地和失压保护功能。

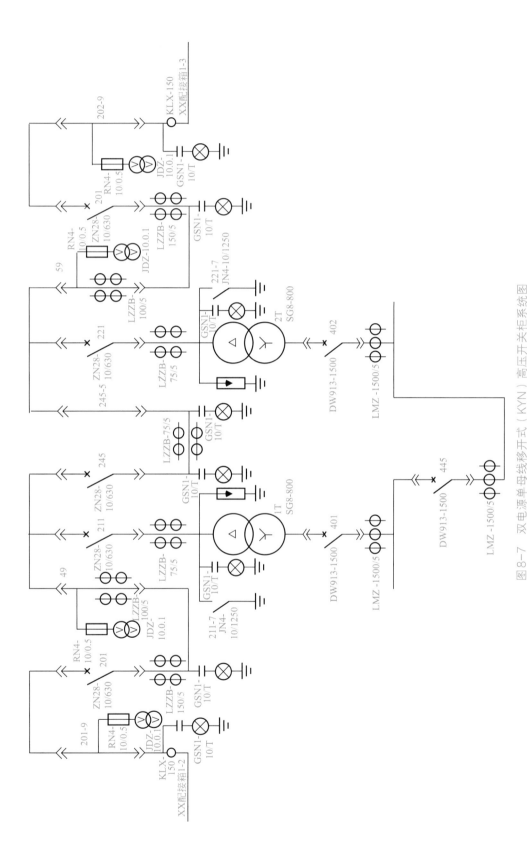

图8-7 双电源单母线移开式（KYN）高压开关柜系统图